Armin Deutz · Harald Bretis · Friedrich Völk

Rotwildregulierung – aber wie?

Leopold Stocker Verlag
Graz – Stuttgart

Umschlaggestaltung, Layout und Repro:
DSR Werbeagentur Rypka GmbH, 8143 Dobl/Graz, www.rypka.at
Titelbild: Gunther Greßmann

Bibliografische Information der Deutschen Nationalbibliothek
Die Deutsche Nationalbibliothek verzeichnet diese Publikation in der Deutschen Nationalbibliografie; detaillierte bibliografische Daten sind im Internet unter http://dnb.d-nb.de abrufbar.

Hinweis: Dieses Buch wurde auf chlorfrei gebleichtem Papier gedruckt. Die zum Schutz vor Verschmutzung verwendete Einschweißfolie ist aus Polyethylen chlor- und schwefelfrei hergestellt. Diese umweltfreundliche Folie verhält sich grundwasserneutral, ist voll recyclingfähig und verbrennt in Müllverbrennungsanlagen völlig ungiftig.

Auf Wunsch senden wir Ihnen gerne kostenlos unser Verlagsverzeichnis zu:
Leopold Stocker Verlag GmbH
Hofgasse 5/Postfach 438
A-8011 Graz
Tel.: +43 (0)316/82 16 36
Fax: +43 (0)316/83 56 12
E-Mail: stocker-verlag@stocker-verlag.com
www.stocker-verlag.com

ISBN 978-3-7020-1555-8

Inhalt

Einleitung ... 9

Gründe für Rotwildregulierung bzw. -reduktion ... 11

Abschuss-Entwicklung beim Rotwild ... 13

Störungen des Rotwildes, Jagddruck & „unsichtbares“ Rotwild ... 17

Jagddruck – was ist damit gemeint? ... 17

Jagdstrategien ... 18

Intervallbejagung (mit ausreichend Ruhepausen) ... 18

Schwerpunktbejagung (lokale „Dauerbelagerung“) ... 19

Begriffliche Missverständnisse ... 19

Konsequenzen gezielter Bejagungsstrategien ... 20

Das Dilemma gesetzlicher Jagdzeiten ... 21

Reaktionen auf den steigenden Jagddruck ... 22

Frühjahrsjagd ... 24

Acht Monate Jagddruck? ... 26

Störungen des Rotwildes ... 27

Wildruhezonen ... 28

Jagdliche Gedankensplitter ... 28

Rechtliches zu Störungen ... 29

Folgen von Störungen ... 30

„Außensteher“ unerwünscht ... 30

Spirale der Scheuheit ... 32

Sind wir die Krone der Schöpfung? ... 32

Ältere Faktoren ... 33

Jüngere Faktoren ... 34

Hohe unsichtbare Bestände ... 34

Zukunft? ... 35

Die Sinneswelt des Rotwildes ... 36

Gesichtssinn ... 36

Bewegungssehen ... 37

Farbsehen ... 38

Dämmerungssehen ... 38

Geruchssinn ... 39

Duftdrüsen ... 40

Gehörsinn 41
Jagdliche Selektion hin zu scheuen Tieren 42

Äsungsverhalten und Verdauung des Rotwildes 44

Äsungsverhalten & Sicherheitsbedürfnis 44
Rotwild ist kein Nachttier 46
Auswahl der Äsungspflanzen 47
Verdauungsvorgänge beim Rotwild 49
Äsungsverhalten und Schäden 50

Rotwild: Schädling & Seuchenreservoir? 51

Großer Pflanzenfresser 51
Faktoren für die Anfälligkeit des Waldes für Wildschäden 52
Waldbauliche Betriebsform 53
Kronenschluss 53
Anteil an wintergrünen Nadelbäumen 53
Kraut- und Strauchschicht 54
Resümee 54
Wildschaden durch Störung 55
Übertragbare Krankheiten 55
Tuberkulose: Eine neue alte Krankheit? 56
Paratuberkulose – häufiger als vermutet! 60
Resümee 63
Steckbrief Tuberkulose 64

Zur Fortpflanzungsbiologie des Rotwildes 65

Zuwachsraten 66
Anteil beschlagener Schmaltiere 68
Lebensraumfaktoren und Zuwachs 68

Rotwildfütterung 69

Ausgangssituation 69
Grundsätzliche Rahmenbedingungen 70
Fütterung – Pro und Contra 71
Standortwahl von Fütterungen 73
Fütterung und Wildstand 74
Futterabhängigkeit 75
Futterbedarf und Futtermittel 75
Extensivierung der Fütterung 77

Drei-Phasen-Fütterung 77
Fütterung – Chance oder Risiko für den Wald? 78

Gedanken rund um „Monsterhirsche" 79
Moderne Zuchtmethoden 80
Handel mit „Farmwild" 81

„Schadauslöser" 82
Jagdliche Schadauslöser 82
Unbedachte Lagerung von Siloballen oder offene Fahrsilos 82
Vorbeugende Maßnahmen 85
Fütterung und Wildschäden, „Warteraumeffekt" 85
Warteraumeffekt 85
Kompensierung und Wildschäden 86
Kleine Fehler – große Wirkungen 87
Grünlandschäden 88
Schadensursachen bei und nach Schonzeitabschüssen 88

Zur Praxis der Erfassung von Rotwildbeständen 90
Fütterungsplatz und Geländegegebenheiten 91
Zähltermine 91
Fütterungsmanagement 92
Zählung 93
Die „Spießermethode" 93
Zählungen aus der Luft 94
Erhebung über Rückrechnung 94

Abschussplanung & Abschussszenarien 96
Datenanalysen für nachhaltige Abschusshöhe 96
Übernutzung der Junghirsche? 97
Hirsche der Klasse III 98
Der Schmalspießer – leicht anzusprechen und zu bejagen 98
Schmalspießer und Bewegungsjagden 99
Mehrjährige Hirsche der Klasse III 100
Gegenüberstellung von Ideal- und Praxisbestand 100
Der „Lehrbuchbestand" 100
Häufiger „Praxisbestand" 101
Vergleich und Ergebnisse 102
Unüberlegtes Schießen reduziert langfristig nicht 102
Unterscheidung Schmal- und Alttier? 104
Mindestabschuss und Grünvorlage 105

Mehrjährige Abschussplanungen ... 105

Wildbretgewichte sollen uns interessieren ... 107

Gesäugeentzündung nach Verlust von Jungtieren? ... 109

Verwaiste Kälber ... 110

Altersschätzung und -bestimmung beim Rotwild ... 112

Wann ist ein Hirsch alt? ... 112

Altersschätzung beim Hirsch ... 114

Altersschätzung beim Kahlwild ... 117

Rotwildreduktion braucht Wahlabschuss ... 119

Ermittlung des Ausgangsbestandes ... 119

Ansprechen einmal anders – „Kälberblick" ... 120

Das „umtypisierte" Schmaltier oder der „Schmaltierspießer" ... 121

Das Formen und Verformen von Rotwildbeständen ... 123

Strukturregulierungsabschuss ... 123

Beispiel 1 – Abschussszenario für ausgeglichene Bestände ... 124

Beispiel 2 – Strukturregulierungsabschuss ... 125

Resümee ... 128

Bejagungsstrategien ... 129

Die Strategien des Rotwildes ... 129

Waldgebiete ... 129

Hochlagen ... 130

Neue Bejagungsstrategien und Beobachtungsgabe ... 132

Mehr Gefühl bei der Rotwildjagd! ... 132

Ruhezonen und Bejagung ... 133

Falsch verstandene Intervallbejagung ... 134

Gemeinschaftsansitze ... 134

Ansitzjagd (Einzelansitz) ... 135

Die Dosis macht das Gift – gezielt bejagen ... 136

Abschuss von Tier und Kalb im Juli ... 137

Ausreichende Ruhezeiten zwischen den Bejagungsphasen ... 137

Fütterung und Jagddruck ... 137

Jagderfolg durch Planung, Flexibilität und Wandel ... 139

Beispiel – Regulierungs- und Ruhezone 140
Bejagung auf den Rückwechseln am Morgen 140
Überblick der Fernwechsel und strategisch günstige Bejagungsflächen 141

Aus der Praxis: Wildstandsreduktion in einem Großrevier 144
Der Strukturregulierungseingriff greift 145
Grundlegendes 145
Rotwildreduktion heißt Veränderung 146
Wenige Zahlen sagen mehr als 1.000 Worte 146
Interessante Tendenzen bei den Kälbern 146
Von der Quantität zur Qualität 147
Weniger Wild, mehr Gewicht 147
Und die Hirsche röhren trotzdem noch 148
Zusammenfassung 149

Aus der Praxis: Wildstandsregulierung in einer Gemeindejagd 150
Strenge Regelwerke vor allem in Gemeindejagden 150
Rotwildbestände stiegen 151
Das Einrichten einer Ruhezone 151
Intelligent geplantes Drücken 152
Vorbildliches Fütterungsmanagement 152
Resümee 153

Auflassung von Fütterungen 154
Gründe für Auflassungen 155
„Fütterungstradition“ des Rotwildes 156
Wildstandsreduktion im Fütterungsbereich 157
Begleitmaßnahmen bei Fütterungsauflassungen 157

Arten von Bewegungsjagden 159
Stöberjagd und ihre Grenzen im Alpenraum 160
Wildbrethygiene bei Bewegungsjagden 162
Klare Spielregeln erforderlich 162
Der „Wildbretmeister“ 163
Schlüsselfrage Aufbrechen 164

Zukunftssicherung für die Jagd auf Rotwild 165
Literaturnachweis 167

Die Autoren 168

Dieses Buch ist dem Kahlwild gewidmet!

Foto: A. Deutz

Einleitung

Die Rotwildstrecken stiegen in Österreich seit 1925 (6.030 Stück) kontinuierlich an und erreichten im Jagdjahr 2017/18 mit über 61.500 Stück einen bisherigen Höchstwert, seit es Aufzeichnungen gibt. Auch in unseren Nachbarländern ist man mit einer analogen Entwicklung konfrontiert, unabhängig davon, ob Rotwild gefüttert wird oder nicht. Unbestritten ist ebenfalls eine deutliche Steigerung der Schälschäden bundesweit in den letzten Waldinventurperioden. Die steigenden Rotwildbestände erfordern erhöhte Abschussfreigaben, damit steigt oft der Jagddruck, was zur Folge hat, dass die Sichtbarkeit der so „belehrten" Rotwildpopulationen stetig abnimmt. Das Rotwild verbleibt im Tagesverlauf noch länger in den Einständen, was wiederum das Schälrisiko steigert. Unzweckmäßig strukturierte Rotwildbestände mit zugunsten der Tiere verschobenen Geschlechterverhältnissen produzieren deutlich mehr Zuwachs als gut strukturierte Bestände. Zudem ist davon auszugehen, dass auch die Rotwildfütterung aufgrund niedrigerer Winterverluste (Kälber!) und weniger übergangenen Schmaltieren zuwachssteigernd wirkt.

Um aus dieser Spirale herauszukommen, sind sowohl **Methoden der möglichst sicheren Schätzung** von Beständen und Zuwächsen sowie **geänderte Jagdstrategien** vonnöten. Bützler (2001) schreibt in seinem Buch über Rotwild: „Alle Mühe und Arbeit der Hege ist völlig umsonst, wenn die Regulierung des Rotwildbestandes durch eine fachgerechte, disziplinierte Bejagung nicht gelingt oder gar nicht erst angestrebt wird." Wagenknecht (1994) bringt es in Bezug auf den Reduktionsabschuss auf den Punkt, wenn er meint, „*... dass die Jäger der Reduktionsproblematik von Rotwildbeständen mit einer gewissen Ratlosigkeit gegenüberstehen und vielfach nicht glauben, was man ihnen vorrechnet*".

Kahlwildüberhänge bewirken unter anderem ein Ansteigen des Zuwachses und ein Absinken des durchschnittlichen Alters des Hirschbe-

Dieses Buch will helfen, die Akzeptanz für das faszinierende Rotwild zu erhalten. Foto: H. Bretis

standes. Der Anteil reifer Hirsche im Abschuss sinkt und zwingt den Jäger zu höheren Abschüssen bei den Junghirschen, was zukünftig wiederum den Anteil alter Hirsche schmälert. Hohe Abschussvorgaben und verzögerte Abschusserfüllung erhöhen meist den Jagddruck und verändern das Raum-Zeit-Verhalten des Rotwildes. Mit steigendem Bejagungsaufwand und sinkendem Abschusserfolg lässt die Motivation der verantwortlichen Jäger nach und das Ziel einer effizienten Rotwildregulierung rückt immer weiter in die Ferne (Schatz, 2011).

Abschließend sei noch darauf hingewiesen, dass eine nachhaltige Erhaltung der Akzeptanz für diese faszinierende Wildart eine fachgerechte, zielorientierte und disziplinierte Bejagung und Regulation voraussetzt.

Deutz Armin, Bretis Harald & Völk Fritz *Juli 2024*

Gründe für Rotwildregulierung bzw. -reduktion

Abschuss-Entwicklung beim Rotwild

Als **fünf Hauptgründe** für die Regulierung bzw. Reduktion von hohen oder ungünstig strukturierten Rotwildbeständen können angeführt werden:

- Wildschäden, übermäßiger Wildeinfluss auf die Vegetation
- Probleme mit der Wildtiergesundheit (z. B. TBC, Para-TBC)
- Schwindende (Winter-)Lebensräume oder Mehrfachnutzung von Lebensräumen
- Geplante Auflösungen von Rotwildfütterungen (Reduktion vor einer Auflösung!)
- Verminderung der Kosten für die Winterfütterung und des Jagd-Aufwands für die erforderliche Kahlwild-Regulierung

Ergebnis soll ein höheres Wohlbefinden des Wildes nach der Regulierung/Reduktion sein, zum Beispiel geringerer innerartlicher Stress, bessere Gesundheit und Kondition, geringere Abschussquoten, leichtere Erfüllbarkeit des Abschussplanes, Verkürzung von Bejagungsintervallen, geringerer Jagddruck, geringere (allenfalls gar keine) Fütterungskosten, weniger Druck und Belastung für den Jäger und dadurch mehr Freude an der Jagd.

Steuernd **eingreifen** können wir **sowohl beim Lebensraum als auch beim Rotwildbestand**. Dieses Buch konzentriert sich auf die Eingriffsmöglichkeiten beim Wild. Es geht also vorwiegend um die Regulierung der

Wilddichte und des Zuwachses sowie um die gezielte Steuerung der Wildverteilung (Raumnutzung) – also um eine zielorientierte Beeinflussung der lokalen Wilddichte. Andere wichtige Einflussfaktoren und Steuerungsmöglichkeiten werden dennoch kurz angesprochen, um nicht das einseitige und falsche Bild zu vermitteln, dass nur der Jäger zur Wildschadensreduktion beitragen könne und müsse.

Die Notwendigkeit, Rotwildbestände auf das Maß der wirtschaftlich tragbaren Lebensraumkapazität herabzusetzen, wird von den Beteiligten in vielen Fällen zu spät erkannt und es fehlt in der Folge oft der Wille und ausreichendes Durchhaltevermögen. Häufig sind es Wildschäden, als Symptom vom Menschen hervorgerufener gestörter Wechselbeziehungen zwischen Wildtier und Umwelt (Reimoser, 1986), die dann Reaktionen seitens der Jagd fordern. Aber auch Wildkrankheiten und Seuchen treten nicht nur bei Wildtieren oder Haustieren auf, sondern einige können zwischen Wild- und Haustieren zirkulieren, wie aktuell im Falle der Tuberkulose oder Paratuberkulose geschehen.

Rotwild braucht Raum und großräumiges, revierübergreifendes Denken. Mehrfachnutzungen von Lebensräumen lassen häufig Wildkonzentrationen entstehen, welche überhöhte Lebensraumbelastungen erklären. Werden selbst die Rückzugsgebiete, vor allem im Winter, gestört, kann es trotz Fütterung zu erheblichem Wildeinfluss an sensiblen Waldökosystemen kommen. Wird dieser Einfluss zu groß, besteht einerseits Reduktionsbedarf, andererseits braucht es Regionalplanungskonzepte, um dieser großen Wildart jenen Raum zuzugestehen, welchen sie von Natur aus braucht. Werden nicht mehr zweckmäßige Winterfütterungen aufgelöst, sind die Verantwortungsträger tunlichst angehalten, den Rotwildbestand vor der Auflösung deutlich zu reduzieren und den Willen zur Auflösung schon frühzeitig (= rund zwei Jahre vor einer geplanten Auflösung) mit der Behörde und den Jagdnachbarn abzusprechen.

Grundlage für jede Rotwildregulierung bzw. -reduktion ist eine möglichst realistische Erfassung der Trends von Rotwildbeständen, sowohl was den Gesamtbestand als auch das

Rotwildregulierung kann sich positiv auf das Wohlbefinden der Tiere auswirken, vielerorts ist Rotwild aber – hauptsächlich jagdlich bedingt – auf Freiflächen zum Nachtwild geworden.

Foto: S. Pirker

Die Frage des Geschlechterverhältnisses ist eine ganz zentrale in der Rotwildbewirtschaftung und Rotwildreduktion. Foto: S. Pirker

Geschlechterverhältnis betrifft. Durch den gestiegenen Jagddruck, durch Fehler in der Bejagung und auch steigenden Freizeitdruck sowie durch das ausgezeichnete Langzeitgedächtnis des Rotwildes werden Bestände jedoch immer „unsichtbarer" und damit schwerer erfass- und auch bejagbar. Selbst bei Zählungen an Fütterungen ist mit zum Teil hohen Dunkelziffern zu rechnen, auch an den wenigen Tagen im Winter mit wirklich guten Zählbedingungen.

Abschuss-Entwicklung beim Rotwild

Der jährliche Abschuss von Rotwild in Österreich war vor dem Ersten Weltkrieg ungefähr gleich hoch (rund 16.000 Stück) wie zwischen den Weltkriegen und einige Jahre nach dem Zweiten Weltkrieg – jeweils mit einem markanten Rückgang unmittelbar nach jedem Weltkrieg (auf weniger als 10.000 Stück). **Seit den 1950er-Jahren** hat sich die jährliche Streckenmeldung auf rund 60.000 Stück **ungefähr verdreifacht**. Dieser Anstieg erfolgte nicht kontinuierlich, sondern in einer Art „mehrfacher Wellenbewegung". Das heißt, nach einer Phase stärkerer Zunahme gingen die Abschüsse wiederholt wieder zurück, und zwar jeweils um mehrere tausend Stück. Dass ein so deutlicher Rückgang der Abschüsse jeweils auf-

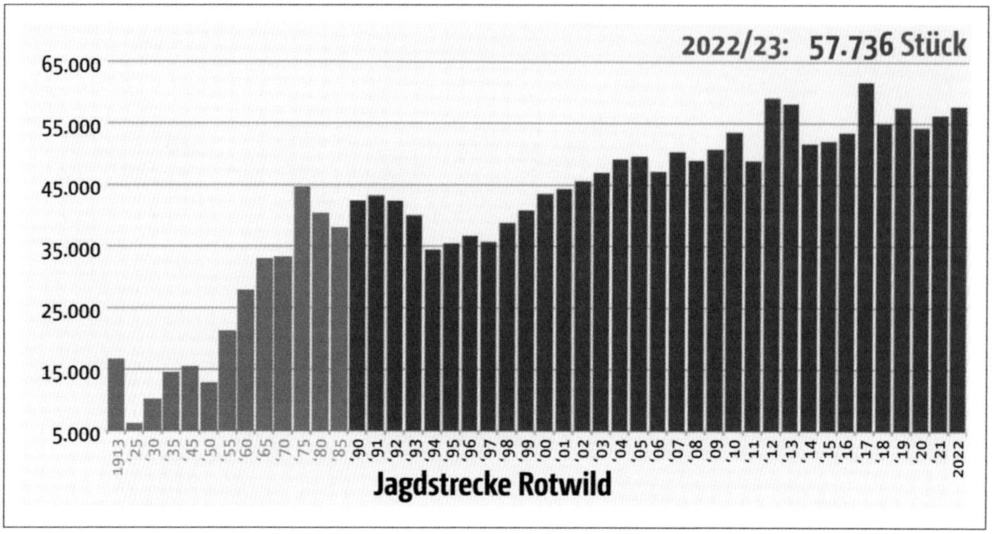

Abb. 1: Jagdstrecke Rotwild für Österreich seit 1913

grund einer erfolgreichen Wildstandsreduktion stattgefunden hat, erscheint wenig wahrscheinlich – jedenfalls legt der nahezu parallele Entwicklungstrend beim Rehwild (und bis Anfang der 90er-Jahre auch beim Gamswild) solche Schlussfolgerungen nicht nahe. Außerdem hat das Fallwild sogar in den letzten Jahren mit den höchsten jemals getätigten Rotwildabschüssen immer noch nicht abgenommen. Hauptgründe für einen solchen wiederholten markanten Streckenrückgang dürften eher in der erschwerten Bejagbarkeit (Scheuheit durch Jagddruck) und, als Folge daraus, im sinkenden Willen zur Erlegung zu suchen sein als in einer Schwankung der Wilddichte in diesem Ausmaß.

Die markant angestiegenen Rotwildabschüsse sind (wie auch beim Reh- und Gamswild) über mehrere Jahrzehnte hindurch mit kaum veränderten Jagdmethoden erreicht worden, nämlich vorwiegend mit Ansitz und Pirsch auf „Freiflächen“ (also vorwiegend im Bereich von Grünlandflächen oder Kahlschlägen). Somit ist sehr wahrscheinlich, dass ein steigender Abschuss jeweils auch steigenden Jagddruck für das Wild auf den traditionellen Jagdflächen bedeutet hat. Angesichts der ausgeprägten Lernfähigkeit des Rotwildes ist davon auszugehen, dass die Möglichkeit, sich einer unverändert bleibenden Bejagung erfolgreich zu entziehen, im Lauf der Jahre analog zum steigenden Jagddruck zugenommen hat. Das Rotwild wurde somit auf regelmäßig bejagten Freiflächen bei Büchsenlicht immer weniger beobachtbar. Diese vor allem nach erhöhten

Abschüssen erheblich reduzierte Beobachtbarkeit veranlasste wohl viele Jäger, eine markante Absenkung der Wilddichte zu vermuten. Es wurde also nach Phasen stärker gesteigerter Abschüsse wahrscheinlich nicht nur schwieriger, Wild zu beobachten und zu erlegen. Auch der Wille, hohe Abschusspläne zu erfüllen, dürfte mit abnehmender Beobachtbarkeit jeweils deutlich zurückgegangen sein (weil man vermutete, die Wilddichte habe bereits deutlich abgenommen). Angesichts eines solchen Zusammenhanges darf aus der Zu- oder Abnahme der Abschusszahlen nicht allzu „kurzschlüssig" auf eine ebensolche Zu- oder Abnahme der Rotwilddichte geschlossen werden.

Bis in die 70er-Jahre des vorigen Jahrhunderts war von einem jagdgesetzlich geforderten Interessenausgleich zwischen der Jagdwirtschaft und der Land- und Forstwirtschaft ein wesentlicher Beitrag zur Wildschadensvermeidung erwartet worden. Das kann in den Motivenberichten der Jagdgesetz-Novellierungen nachgelesen werden. Diese Erwartungen haben sich jedoch nicht in befriedigendem Ausmaß erfüllt. Dadurch entwickelte sich ein steigender Bedarf nach behördlicher Systemsteuerung hinsichtlich Wildschadens-Vorbeugung im öffentlichen Interesse. Dieser Trend ist eine Gemeinsamkeit aller österreichischen Bundesländer. Die Abschusshöhe war in der zweiten Hälfte des vorigen Jahrhunderts von informellen Beschlüssen und Vereinbarungen wesentlich stärker beeinflusst worden als von jagdgesetzlichen Bestimmungen. Besonders deutlich sichtbar wird das an der markanten, österreichweit gleichermaßen stattfindenden Abschusserhöhung zwischen 1973 und 1975, die unabhängig von Gesetzesunterschieden oder -veränderungen stattgefunden hat. Die Reh- und Rotwildbestände sind nach dieser kurzen Phase deutlich erhöhter Abschüsse weiter angestiegen, weil die Abschüsse wieder zurückgenommen worden sind.

Es gab Zeiten, in denen man sich über einen Schmaltierabschuss noch freute, heute ist das in vielen Gebieten schon eine „Belastung" geworden. Foto: Archiv A. Deutz

Die Abschussplanung wurde in der Folge zunehmend am Ausmaß der Wildschäden orientiert – mit unterschiedlicher methodischer Vorgangsweise. Die jagdliche Erfolgskontrolle war bis Mitte der 80er-Jahre jedoch völlig unzureichend und ist es in einigen Ländern bis heute geblieben. Die forstliche Erfolgskontrolle erfolgt in unterschiedlichen Intervallen auf Bundes- und Landesebene. Die Ergebnisse sind in erheblichem Maße interpretationsanfällig und werden auf der Ebene der „operativen jagdlichen Einheiten", also der Jagdreviere (in denen die Umsetzung der Abschussplanung stattfindet), vielerorts als wenig relevante Durchschnittswerte eingestuft und im Rahmen der revierweisen Abschussplanung oftmals ignoriert. Anders ist das in Vorarlberg, wo es auf Ebene der Wildregionen ein Wildschaden-Kontrollsystem gibt, das als Expertensystem statistisch ausgewertete

Ergebnisse liefert, und im Bundesland Oberösterreich, wo anhand von Vergleichs- und Weiserflächen Gespräche über die Verbiss-Situation pro Jagdrevier direkt „am Objekt“ geführt werden. Gesprächsteilnehmer sind jeweils der Jagdpächter, der Grundeigentümer-Vertreter und ein Vertreter der Forstbehörde. Das Ergebnis der gemeinsamen Besichtigung schlägt sich direkt im Abschussplan nieder, der vor Ort vereinbart und unterzeichnet wird.

Besonders bei einem verschobenen Geschlechterverhältnis entwickeln sich Bestände dynamisch und sind damit noch schwieriger zu regulieren. *Foto: G. Greßmann*

Störungen des Rotwildes, Jagddruck & „unsichtbares“ Rotwild

Jagddruck – was ist damit gemeint?

Jagdstrategien

Das Dilemma gesetzlicher Jagdzeiten

Reaktionen auf den steigenden Jagddruck

Störungen des Rotwildes

Das Rotwild kommt derzeit in Mitteleuropa zwar in hohen Dichten vor, hat aber in den letzten Jahrzehnten massive Lebensraumverluste hinnehmen müssen. Diese ergaben sich durch die erhebliche Zunahme menschlicher Aktivitäten im Lebensraum, nicht zuletzt durch eine deutliche Zunahme an Freizeit und Wohlstand, weiterhin durch Zersiedelung sowie Zerschneidung der Landschaft und nicht zuletzt durch den infolge der erhöhten Abschusserfordernisse gestiegenen Jagddruck. In den verbleibenden, verkleinerten Lebensräumen nimmt damit das Schadensrisiko zu, was die Spirale weiter antreibt.

Jagddruck – was ist damit gemeint?

Jagddruck kann sehr unterschiedlich verstanden werden und wird in der jagdlichen, biologischen oder ornithologischen Literatur bisweilen gleichbedeutend mit der Abschusshöhe verwendet. Das führt zu erheblichen Missverständnissen und Kommunikationsproblemen. Deshalb erscheint es ratsam, die Verwendung des Begriffes zu definieren.

WICHTIG | **Definition „Jagddruck“**

Als Jagddruck wird im Folgenden die **Beunruhigung des Wildes** durch die Bejagung verstanden.

Somit ist „hoher Jagddruck“ nicht gleichbedeutend mit einem hohen Abschuss und „niedriger Jagddruck“ bedeutet nicht automatisch niedriger Abschuss (Reimoser, 1991; Völk, 1991; Hespeler, 1991). Der Jagddruck ist also abhängig vom jagdlichen Verhalten des Jägers, von seiner Qualifikation und vom „strategischen“ Einsatz der Jagdart/Jagdtechnik – ob gezielt oder unbewusst.

Hoher Jagddruck kann gezielt eingesetzt werden, zum Beispiel zur Vertreibung des Wildes aus schadensgefährdeten Bereichen. Hoher Jagddruck kann aber auch unbewusst erzeugt werden und das Wild unnötig scheu machen, wo dies gar nicht erwünscht ist. Ein Beispiel: Wer auf Äsungsflächen hohen Jagddruck auf störungssensible Wildarten ausübt, beeinträchtigt die Nutzbarkeit der Äsungsfläche durch das Wild, weil das verbleibende Wild diese Flächen meiden und dem Jagddruck räumlich und zeitlich ausweichen wird. Im Gegensatz dazu werden jagdfreie Siedlungsbereiche von manchen lernfähigen Wildarten mittlerweile zunehmend in ihren Lebensraum mit einbezogen, wie das Beispiel Schwarzwild in manchen deutschen Städten zeigt.

Jagdstrategien

Intervallbejagung
(mit ausreichend Ruhepausen)

Grundsätzlich wünschenswert ist **geringer Jagddruck** auf möglichst großer Fläche zur Reduktion der Scheuheit des Wildes, d. h. „effizientes Jagen“ abwechselnd **mit ausreichend langen Jagdpausen** zur Steigerung der Vertrautheit des Wildes. Auf Intervalle mit Be-

Abschusseffizienz, Jagdethik und jagdliches Brauchtum sind keine Gegensätze! Foto: S. Pirker

jagung folgen Intervalle ohne Bejagung (auch innerhalb längerer gesetzlicher Jagdzeiten – um diese regionalspezifisch geschickt zu nutzen, vgl. Reimoser, 2004). Vorteilhaft ist die Nutzung von **„Überraschungseffekten“** (unerwartete „wolfsartige Überfälle“). Das macht vor allem bei lernfähigen Wildarten eine kreative Anpassung der Bejagung anstatt einer starren Beibehaltung gleichbleibender Vorgangsweisen notwendig.

Intervalljagd erfordert Zeit zu einer jagdgünstigen Zeit, gute Beobachtungsgabe, Gespür für das Verhalten des Wildes und somit **solides jagdhandwerkliches Können**:

- Wahl der geeigneten Jagdmethoden, Jagdhelfer und Jagdgeräte
- Wahl von günstigen Jagdzeiten, Örtlichkeiten, Anfahrts- und Pirschwegen, Ansitzplätzen; ruhiges, „unauffälliges“ Verhalten vor und nach dem Schuss
- Minimierung „lebender Zeugen“ bei der Entscheidung zur jagdlichen Entnahme von Wildstücken
- Effiziente Nutzung „erfolgsträchtiger“ Zeiträume! Kurz und heftig – kein Zögern, kurzfristig eine höhere Stückzahl zur Strecke zu bringen

HINWEIS **Verbleibender Wildstand**

Bei Überlegungen, was im Rahmen der Wildbejagung jeweils das „gelindeste Mittel“ ist, das angewendet werden soll, wird primär an das zu entnehmende Wildtier gedacht und häufig leider zu wenig an den verbleibenden Wildbestand!

Schwerpunktbejagung (lokale „Dauerbelagerung“)

Beim gezielten **Einsatz hohen Jagddruckes** – beschränkt auf **klar abgegrenzte, besonders schadensgefährdete Bereiche** – geht es einerseits um die Erlegung „schadenstiftender Tiere“ und andererseits um die gezielte Nutzung des Vertreibungseffektes. Zum Beispiel durch besonders häufiges Auftauchen des Jägers im Bereich schadensgefährdeter Flächen, durch Erlegung von Jungwild „aus der Gruppe“ (Lerneffekte durch bewussten „Schuss ins Rudel“) und zusätzlich durch Anbieten benachbarter Ruhegebiete, wohin das vertriebene Wild ausweichen kann. Hoher Jagddruck kann auf solchen Flächen je nach Bedarf für kürzere oder längere Zeit notwendig sein – je nach saisonalem Wildverhalten.

Schwerpunktbejagung erfordert Zeit zur rechten Zeit und oftmals auch Ausdauer. Sie erfordert konsequente „Wild-Belagerung“ in schadensgefährdeten Bereichen, insbesondere vor und während schadenskritischer Zeiträume. Werden diese Zeiten versäumt, kann spätere Bejagung nicht mehr den angestrebten Zweck der Wildschadensreduktion erfüllen (Völk, 2012). Deshalb kann lokal begrenzte Schwerpunktbejagung unter bestimmten Voraussetzungen auch außerhalb der gesetzlichen Jagdzeiten sinnvoll und notwendig sein.

„Strecke machen“ – also den Wildstand regulieren – darf man von Schwerpunktbejagung im Regelfall also nicht erwarten. Denn hoher Jagddruck bringt das Wild ja gewollt zum Ausweichen. Da es in nahezu jedem Jagdrevier einzelne wildschadenanfällige Flächen gibt, ermöglicht die dort zweckmäßige Schwerpunktbejagung eine zeitlich intensive jagdliche Betätigung – auch während allfälliger größerflächiger Ruhepausen im Rahmen der Intervallbejagung. Eine lokale „Dauerbelagerung“ kann auch sehr kleinflächig sinnvoll sein, zum Beispiel auf einzelnen schadanfälligen Verjüngungsflächen (insbesondere auf Rehwild, das im Regelfall nicht mit großräumigen Raumnutzungsänderungen reagiert, sondern mit Beharrlichkeit wiederkehrt, wenn es nicht „belagert“ oder erlegt wird).

Begriffliche Missverständnisse

Beide Jagdstrategien können leicht missverstanden werden und bei unzweckmäßiger

Anwendung kontraproduktiv wirken. Und weil sie in solchen Fällen im Regelfall auch nicht schlüssig begründet werden können, kommt es in der Folge zu Akzeptanzproblemen und Ablehnung solcher Vorgangsweisen. Erfahrungsgemäß führen nicht selten sprachliche Ungenauigkeiten oder begriffliche Verwechslungen zu Missverständnissen und Fehlanwendungen von Jagdstrategien in der Praxis.

Wer zum Beispiel meint, in einem Schutzwaldsanierungsgebiet „Schwerpunktbejagung" praktiziert zu haben, wenn er dort einen oder mehrere herbstliche Schalenwild-Riegler durchgeführt hat, unterliegt einem Irrtum. Eine zeitliche „Schwerpunktsetzung" – kurz und intensiv – ist ihrer Wirkung nach nämlich eine typische Form der „Intervallbejagung", sofern davor und danach der Jagddruck ausbleibt.

Vielleicht sollte man zur Vermeidung solcher (nicht seltener) Missverständnisse für das bewusste längerfristige Anwenden von hohem Jagddruck einen anderen Begriff verwenden?! Schwerpunktbejagung meint längerfristige „Dauerbelagerung", die zu einer veränderten Raumnutzung des Wildes führt und die beim Schalenwild nur in Zeiträumen geringer Wildschadensgefahr unterbrochen werden darf.

Konsequenzen gezielter Bejagungsstrategien

Folgen der Intervallbejagung (mit Ruhepausen)

- Vertrauteres Wild, bessere Beobachtbarkeit → erhöhte Abschussbereitschaft seitens der Jäger, die das weniger scheue Wild wieder öfter in Anblick bekommen
- Verringerte Fluchtdistanzen → größerer nutzbarer Lebensraum für das Wild (geringere Empfindlichkeit auch gegenüber nichtjagdlichen Störeinflüssen)
- Mehr Freude an der Jagd – Tiere werden besser erlebbar
- Besser erlebbares Wild auch für Nichtjäger

Folgen der Schwerpunktbejagung („Dauerbelagerung")

- Bei Erfolg: lokal meist geringerer Wild-Anblick und deshalb im Regelfall eher bescheidene Strecke auf diesen Flächen
- Raschere Wildschadensreduktion durch Steuerung der Raumnutzung – d. h. zeitlich beeinflussbares „Meideverhalten" des Wildes auf örtlich begrenzten, schadensgefährdeten Flächen wird zur Problemlösung gezielt ausgenutzt

Bejagungsstrategien haben Einfluss auf die Sichtbarkeit des Wildes. Foto: H. Bretis

Das Dilemma gesetzlicher Jagdzeiten

Die gesetzlichen Schusszeiten werden maßgeblich geprägt von regionalen Traditionen der Weidgerechtigkeit, von den Landschafts- und Geländeverhältnissen, vom aktuellen Stand und von der Entwicklung wildökologischer und tierphysiologischer Kenntnisse, von jagdlichen und gesellschaftlichen Wertvorstellungen sowie vom jeweiligen Jagdsystem und den damit verbundenen jagdbetrieblichen Rahmenbedingungen und Möglichkeiten. Die schwierige Aufgabe für den Gesetzgeber ist es – unter Berücksichtigung der Spezifika der jeweiligen Lebensräume – mit der Vorgabe von regional optimierten Jagdzeiten für die Wahrung öffentlicher Interessen zu sorgen. Das sind gesunde und an die Tragfähigkeit der Lebensräume angepasste Wildbestände und eine angemessene, nachhaltige Nutzung der Wildbestände. Die Rahmenvorgaben müssen somit eine Prophylaxe bezüglich Wildschäden und Wildseuchen ermöglichen und werden jeweils ein regionaler Kompromiss sein (in Summe das „geringste Übel"). Je unterschiedlicher die Lebensräume sind, desto schwieriger ist es, allen diesen Verhältnissen gerecht werdende Jagdzeiten gesetzlich festzulegen. Deshalb wird es darüber hinaus für besondere Probleme immer auch Sonderlösungen geben müssen, die in begründeten Fällen Abweichungen von den allgemeinen Jagdzeiten ermöglichen – die allerdings auch behördlich administriert werden müssen (Verwaltungsaufwand).

Lange Jagdzeiten (mehrere Monate)

- **Vorteil:** Lange Jagdzeiten schaffen Flexibilität, um bei unterschiedlichen regionalen Rahmenbedingungen die gewünschten Jagdzeiten individuell wählen und zum Beispiel einen gezielten Wahlabschuss in Ruhe tätigen zu können („jagdliche Freiheit", lokale/revierspezifische Wahlmöglichkeit); bei langen Jagdzeiten ist auch die eigenständige Durchführung einer Schwerpunktbejagung/Dauerbelagerung umfassender möglich, ohne dafür behördliche Ausnahmeregelungen zu brauchen.
- **Möglicher Nachteil:** Bei mangelhafter Selbstdisziplin oder mangelnder jagdlicher Qualifikation kann es entweder zu unzweckmäßigem Zuwarten mit dem Abschuss (jagdliche Ineffizienz, weil die Jagdzeit ohnehin noch lange dauert) oder zu „Dauerbelagerung" des Wildes auf großer Fläche kommen (was die Scheuheit verstärkt und die Bejagbarkeit reduziert).

Kurze Jagdzeiten (wenige Wochen)

- **Vorteil:** Kurze Jagdzeiten reduzieren den Jagddruck und bewirken eine wesentlich effizientere Abschusserfüllung, was zu weniger Beunruhigung für den verbleibenden Wildbestand führt.
- **Möglicher Nachteil:** Während einer starr vorgegebenen kurzen Jagdzeit kann es zu eingeschränkten Alternativen bei ungünstigen Jagdbedingungen (z. B. witterungsbedingt) kommen, da ein zeitliches „Ausweichen" nur sehr begrenzt möglich ist.

Und was wünscht sich der Jäger im Reviersystem?

- Regelmäßig wiederkehrend (z. B. alljährlich) etwa gleich hohe Beutemöglichkeiten zu haben – und diese möglichst bis zum letzten Tag der Jagdzeit nutzen zu können (teilweise verzögerte Abschusserfüllung). Stärkere Schwankungen in der Streckenhöhe werden im Regelfall als weniger wünschenswert empfunden.
- Erholsame Freizeit im Revier verbringen zu können – auch spontan, wenn der Jäger ge-

rade Zeit und Lust dazu hat, und unabhängig von den Chancen auf Wild-Erlegung und von seiner Störwirkung für das Wild.

- „Sein“ Wild zu hegen, ihm „Gutes zu tun“, es wiederzuerkennen, es wiederholt zu bestätigen – und es tunlichst vor Störenfrieden und vor allem vor dem jagdlichen Zugriff durch Nachbarn zu „bewahren“ (Jagdneid).
- Muttertiere und vor allem Jungwild zurückhaltend zu bejagen.
- Komfortabel übers Jahr verteilt zu „jagern“ – gerade dann, wenn man trotz vollen Terminkalenders Zeit dazu findet.
- Keinen „Druck“ zum Jagern zu haben – reichhaltigen Anblick zu genießen, interessante Wild-Beobachtungen machen zu können; ohne Stress „die Seele baumeln zu lassen“.
- Spannung aufrecht zu erhalten, zum Beispiel durch Suche nach bestimmten individuellen Stücken – meist „höherwertigen Trophäenträgern“.
- Wenig „Beeinträchtigungen“ durch andere Landnutzer (vor allem „nicht zahlende“) hinnehmen zu müssen – gleichsam als „Lohn“ für die Kosten für das Revier.

Einige dieser Wünsche sind für eine effiziente Wildstandsregulierung wenig förderlich. Deshalb muss es im Interesse der Schadensbegrenzung Spielregeln geben, die den Beitrag von zahlenden Jägern zur Wildschadensreduktion unterstützen. Denn die Wildstandsregulierung durch staatlich bezahlte Profis durchführen zu lassen, wäre zeitintensiv und somit volkswirtschaftlich ziemlich aufwendig.

Reaktionen auf den steigenden Jagddruck

„Intelligenzhandlungen beruhen auf der Verwertung individueller Erfahrungen mit Hilfe des Gedächtnisses. Instinktives (angeborenes) und intelligentes (einsichtiges) Verhalten bestehen also nebeneinander. Je intelligenter ein Tier ist, desto mehr kann es die starren Triebhandlungen modifizieren und wechselnden Bedingungen anpassen, ja sogar zeitweise Triebe ausschalten. Rotwild hat es verstanden, sich den außerordentlichen Veränderungen seiner Daseinsbedingungen in einem nicht für möglich gehaltenen Ausmaß anzupassen.“

Mit diesen Worten erklärt Wagenknecht (1994) unter anderem die enorme Anpassungsfähigkeit des Rotwildes. Und bei dieser Wildart stellt sich mittlerweile ohnehin die Frage, ob es nicht – gäbe es nicht die Möglichkeit, Wild über weite Entfernungen zu erlegen – den Menschen und Jäger mittlerweile vollkommen austricksen könnte. Doch gerade weite Schüsse und Nachtschüsse können das lernfähige Rotwild noch heimlicher werden lassen, sodass sie vermutlich kein dauerhaftes Erfolgsrezept sein werden, sondern sich allenfalls lokal und kurzzeitig als Sondermaßnahme eignen.

Zusätzlich zur viele Jahrzehnte hindurch nahezu unverändert gebliebenen und von den meisten Jägern bis heute stark bevorzugten „Freiflächen-Bejagung“ haben **weitere Einflussfaktoren** die Nutzung sogenannter „Äsungsflächen“ durch das Rotwild geringer werden lassen:

- Eine **Zunahme von diversen Outdoor-Freizeitaktivitäten** während der Dämmerungsstunden hat das Ausziehen des Wildes vielerorts stärker in die Nacht hinein verlagert. Dieser Effekt wurde durch die immer bessere Erschließung mit Wirtschaftswegen bis in entlegene Revierteile noch verstärkt. Dadurch können beispielsweise Radfahrer nunmehr bis zum letzten Tageslicht auch in abgelegenen Gebieten bleiben (z. B. bis zum Sonnenuntergang an schönen Aussichtspunkten oder auf Almen) und dann entlang beschilderter Routen erst in der späten Dämmerung die Rückfahrt antreten.

- Parallel dazu hat die **Umstellung auf naturnahe Waldbewirtschaftung** mit stärkerer Auflichtung der Waldbestände – und damit mehr Licht und Wärme am Waldboden – zu einem massiv erhöhten und dezentralisierten Äsungsangebot geführt, also zu einer verringerten Notwendigkeit für das Wild, überhaupt zur Äsungsaufnahme auf Freiflächen auszuziehen.

Die wechselseitige „Aufschaukelung" dieser Faktoren mit dem erhöhten Jagddruck hat das Schalenwild und insbesondere das lernfähige Rotwild für den traditionellen und nach wie vor beliebten „Dämmerungsansitz am Waldrand" mancherorts nahezu „unsichtbar" gemacht.

Sobald die jagdlichen Vorgangsweisen etwas verändert werden, wie durch Anpassung von Pirschsteigen und Reviereinrichtungen, können Abschüsse mitunter wieder etwas leichter erreicht werden, möglicherweise sogar mit geringerem Jagddruck, zum Beispiel durch ergänzenden Einsatz von Gemeinschaftsjagden (Gemeinschaftsansitz, Riegeljagd, Stöberjagd). In manchen Regionen haben solche Entwicklungen sogar das Zusammenarbeiten zwischen benachbarten Revieren bzw. Berufsjägern teilweise erfreulich intensiviert (z. B. in Vorarlberg oder in manchen Gebieten des steirischen Salzkammergutes). Doch das Grundsatzproblem bleibt: Über mehrere Jahre hinweg gleichbleibende jagdliche Vorgangsweisen werden vom

Lebensräume oberhalb der Waldgrenze können im Winter vom Rotwild wegen der Freizeit- und Jagdaktivitäten nur mehr in wenigen Gebieten Österreichs genutzt werden. Foto: A. Deutz

intelligenten Rotwild (wie auch vom Schwarzwild) allzu rasch durchschaut und mit geschicktem Ausweichen beantwortet. Der Jäger hat sich also der permanenten Herausforderung zu stellen, seine regionale Bejagungsstrategie abzuändern, wenn der Jagderfolg nicht schwinden soll – auch wenn er noch so gerne seine „traditionell erfolgreichen" Jagdgewohnheiten beibehalten möchte (z. B. lieb gewordene Ansitzplätze oder Pirschwege).

WICHTIG **Strategiewechsel**

Je höher der Jagddruck, also je mehr „lebende Zeugen" ihre Erfahrung weitergeben können (z. B. falsches Verhalten vor und nach dem Abschuss), desto rascher lernt ein Wildbestand und desto öfter sind Bejagungsstrategien zu verändern, um jagdlich erfolgreich zu bleiben.

Wenn die Herbstjagd nicht ausreicht, kann eine zusätzliche Jagdphase im Frühjahr zweckmäßig, wenn auch nicht unproblematisch, sein – eine unkritische, ideologische Einstellung generell für oder gegen Frühjahrsjagd ist für die Lösung anstehender Probleme nicht förderlich. Foto: S. Pirker

Frühjahrsjagd

In den letzten Jahrzehnten fand – meist getrieben von Wildschadensproblemen und wegen steigender Abschusserfordernisse – eine Ausdehnung der Schusszeiten auf die Schalenwildarten statt – von der ursprünglichen Hauptjagdzeit im Herbst nunmehr für einige Wildklassen bereits ab dem frühen Frühjahr. Die behördlich erlaubte Schusszeit dauert meist schon acht Monate, von Mai bis Dezember, mancherorts auch noch länger. Es ist aber kein Jäger gezwungen, über acht Monate dem Wild nachzustellen, auch wenn die gesetzliche Rahmen-Schusszeit so lange dauert (Völk, 2012).

Die Hauptjagdzeit wird stets der Herbst sein, weil dann (fast) alle Sozialklassen aller im Revier vorkommenden Schalenwildarten zur selben Zeit bejagt werden können. Deshalb ist es wichtig, die Schusszeiten aller Schalenwildarten aufeinander abzustimmen. Die Frühjahrsjagd hat den erheblichen Nachteil, dass meist nur Jährlingsstücke (Kälber, Kitze des Vorjahres) erlegt werden dürfen, aber bei deren Bejagung alle anderen Tiere (mehr oder weniger) mit beunruhigt werden. Wer also zur Erreichung seiner Ziele allein mit der Herbstjagd auskommt, der hat das geringste Risiko, das Wild scheu zu machen. Durch gezielte Intervalljagd bei günstiger Witterung innerhalb der langen Schusszeit kann die effektive Jagd- und Beunruhigungszeit jedoch erheblich verkürzt werden. Hier bestehen viele Variationsmöglichkeiten, um die Jagdzeit den Revierverhältnissen und den Möglichkeiten des Jägers optimal anzupassen und die Beunruhigung des Wildes zu minimieren.

Die praktischen Erfahrungen mit der Frühjahrsjagd, vor allem im Mai, sind sehr unterschiedlich. In manchen Revieren scheinen Probleme bei völligem Verzicht auf die Bejagung im Frühjahr leichter lösbar, in anderen Revieren spricht man hingegen von einem unverzichtbaren Vorteil der Frühjahrsjagd bei der Abschusserfüllung und der Wildschadensvermeidung (Reimoser/Völk, 2013).

Argumente für die Frühjahrsjagd

- In Revieren, in denen eine Wildart im Herbst nicht oder nur selten, im Frühjahr aber häufiger vorkommt, wird man auf eine Bejagungsmöglichkeit im Frühjahr nicht verzichten wollen (Jagdwert).
- Wo Wildschäden an sensiblen Standorten vorwiegend im Frühjahr entstehen (besonders verbissgefährdete Phase), dort sollte man rechtzeitig durch Abschuss (und Vertreibungseffekt) eingreifen können (Steuerung der Wildverteilung).
- Wo Rotwild im Sommer in Hochlagen oberhalb der Waldgrenze lebt, wie vielerorts im Alpenraum, sollte man es möglichst wenig beunruhigen und nicht durch Bejagung in den Wald abdrängen. Wenn es dann im Herbst aber spät und rasch zur Fütterung kommt, bleibt oft wenig Möglichkeit, den nötigen Abschuss ohne große Störung und negative Folgen zu tätigen. Unmittelbar nach Ende der Fütterungsperiode (z. B. Anfang Mai) kann aber meist ohne großes Risiko ein Teil des Abschusses erfüllt werden, noch bevor das Wild wieder in die Hochlagen zieht. Durch eine solche kurze Jagdphase im Frühjahr ergibt sich nicht selten auch der Vorteil, dass das Wild rascher aus dem Wald in die Hochlagen (Sommereinstände) zieht, wodurch Wildschäden minimiert werden.
- Im Frühjahr sind die Jährlingsstücke relativ vertraut und leichter erlegbar und die Bedingungen für die Jagd sind oft weniger problematisch als im Herbst (z. B. Nebeltage, Windrichtung, Laubfall, kürzere Tage).
- In manchen Regionen kann zur Vermeidung von Schäden auf Grünlandflächen im Frühjahr sogar eine gezielte Vertreibung des Rotwildes von Freiflächen notwendig sein. Ansonsten kann es vorkommen, dass durch die Rotwildlosung die Verschmutzung von Grassilage von diesen Grünlandflächen so groß ist, dass die Silage verdirbt. Dadurch wird zwar der Wald vom Rotwild stärker belastet – das kann aber manchmal das „geringere Übel" sein.

Nachteile und Fehler

- Der wohl größte Fehler bei der Frühjahrsjagd ist ein unzweckmäßiger Jagddruck auf Offenflächen (Wiesen, Almen etc.), der das Wild ungewollt in den Wald hinein vertreibt und Wildschäden provoziert. Frisches Gras und Kräuter sind besonders im Frühjahr eine attraktive und wichtige Nahrungsquelle für Schalenwild, die vom Verbiss im Wald ablenkt und die den Tieren auch tagsüber ungestört zugänglich sein soll, falls Wildschäden im Wald vermieden werden sollen. Also größte Vorsicht bei der Jagd auf Offenlandflächen – vor allem im Frühjahr! Eine Bejagung auf Offenflächen soll – wenn überhaupt – am Morgen erfolgen, wenn das Wild mit gefülltem Pansen in die Einstände zieht.
- Wenn eine Bejagung im Frühjahr erfolgt, dann sollte sie auf alle vorkommenden Schalenwildarten gleichzeitig möglich sein. Die Bejagung nur einer Art, bei der die anderen Arten mit beunruhigt werden, aber nicht erlegt werden dürfen, ist ineffizient. Ebenso sollten Jagdruhephasen gleichzeitig für alle Arten gelten. Dies erfordert eine gute Abstimmung der Bejagungs- und Ruhezeiten zwischen den Arten und jagdliche Disziplin, was besonders bei zusätzlichem Auftreten von Schwarzwild schwierig sein kann.

Wenn die Herbstjagd nicht ausreicht, kann eine zusätzliche Jagdphase im Frühjahr zweckmäßig sein. Eine unkritische, ideologische Einstellung generell für oder gegen Frühjahrsjagd ist für die Lösung anstehender Probleme nicht förderlich. Stets sind die konkrete Ausgangslage und die Zielsetzung entscheidend, ebenso

Extreme (jagdliche) Stresssituationen werden vom Rotwild, besonders von den Alttieren, jedenfalls mehrere Jahre gespeichert. Fotos: A. Deutz

das jagdhandwerkliche Können des Jägers. Im Wald kann eine Frühjahrsjagd sehr positiv (problemmindernd) eingesetzt werden, auf offenen Äsungsflächen und an Waldrändern kann sie sich auf Dauer auch sehr negativ auf das Verhalten des Wildes auswirken und Folgeprobleme auslösen. Ob Frühjahrsjagd auf Schalenwild zweckmäßig ausgeführt wird oder nicht, ist letztlich daran zu messen, ob sie den gesetzten Zielen dient, vor allem aber, ob sie auch einen Beitrag zur Wildschadensvermeidung und zur Abschusserfüllung leistet.

Acht Monate Jagddruck?

Dem Rotwild wurden große Gebiete als Winterlebensraum genommen und Weitwanderungen durch Verkehrswege und Siedlungen vielerorts unterbunden. Wanderungen zwischen Sommer- und Wintereinstand wurden auch durch die Einführung der Winterfütterung maßgeblich reduziert, zum Teil auch aus revieregoistischen Gründen. Gleichzeitig setzt die Winterfütterung beim Rotwild Winterverluste herab und die Zuwachsraten steigen an (fast keine „übergangenen“ Schmaltiere; um die 90 % der Alttiere führend), was unterm Strich höhere Abschusszahlen erfordert, wenn der Wildbestand nicht zunehmen soll. Angesichts der Lernfähigkeit und der Fähigkeit des Rotwildes, sich der Bejagung zu entziehen, wird es jedoch immer schwieriger, diese Vorgaben zu erfüllen. Das geht vor allem beim Kahlwild mitunter mit sinkender Motivation der Jäger einher. Eine Folge davon ist unter anderem der Ruf nach längeren Jagdzeiten, was regional zu Schusszeiten von April bis Jänner führt. Dass drei Monate ausreichen, damit das Rotwild die letzte Jagdsaison vergisst, ist höchst unwahrscheinlich, denn zumindest für Rottiere ist die Speicherung negativer Erlebnisse für bis zu fünf Jahre nachgewiesen. Auf Schadflächen könnte man sich dieses Langzeitgedächtnis des Rotwildes jedoch im Sinne einer Schwerpunktbejagung zunutze machen.

Störungen des Rotwildes

Die Lenkung des Rotwildes in Raum und Zeit wird in hohem Maße durch menschliche Faktoren und Umweltfaktoren beeinflusst. Zu den ersteren zählen Jagd(-druck), Forststraßennetz, Freizeitnutzung der Natur, Ruhezonen (touristisch und jagdlich), Fütterungen (Fütterungsbeginn!), Äsungsflächen, forstliche Maßnahmen (Auflichtung von Altbeständen, Durchforstungen), Kirrungen, Silolagerung, Ganzjahresfreilandhaltung von Rindern/Pferden sowie Verstänkerungen oder bewusste und unbewusste Jagdstörungen.

An Umweltfaktoren sind besonders mildere Winter, Hitze-/Trockenperioden (Almen!), Wassermangel, intensivere Grünlandnutzung, Gülledüngung („menschlicher Umweltfaktor") oder das Vorkommen großer Beutegreifer (wie Wolf) von Bedeutung. Rotwild verfügt über ein Langzeitgedächtnis, sowohl für negative als auch positive Erlebnisse, und der Sicherheitsaspekt steht für Rotwild über allem.

Beachtlich ist bekanntlich der Energieverbrauch von flüchtendem Wild. So benötigt **flüchtiges Wild** etwa **das Sieben- bis Zehnfache an Energie** im Vergleich zu stehendem oder ruhig ziehendem Wild. Ein bergauf durch 50 cm tiefen Schnee flüchtendes Stück braucht rund 60 Mal mehr Energie als beim ruhigen Ziehen in der Ebene.

In Anbetracht der Vielzahl an Störeinflüssen im Winter führen schlussendlich viele Gedanken in Richtung allgemeiner Ruhezonen, die dem Wild zugestanden werden sollten. Nur ist es schwer, beispielsweise von Tourengehern den Rückzug aus gewissen Arealen zu fordern, wenn gleichzeitig bis Mitte oder sogar Ende Dezember vielerorts in denselben Gebieten ein zum Teil starker Jagddruck auf Rotwild oder andere Wildarten ausgeübt wird. Die Jagd und damit verbundene Aktivitäten stellen für das Wildtier einen schwerwiegenderen Einflussfaktor dar und verursachen damit vermutlich mehr Stress als annähernd gleichmäßige, kalkulierbare Störungen, zum Beispiel auf Wanderwegen oder Loipen. Bedenkt man weiterhin, dass die Jagd jährlich den überwiegenden Abgangsfaktor für das Schalenwild ausmacht, wird sie bei unbedachter Ausübung zu einem großen Störeinfluss.

WICHTIG **Störpotenzial senken**

Geschicktes Handeln und situationsangepasste Überlegungen des Einzelnen sowie der Versuch, sich sensibel ins Wildtier hineinzuversetzen, sind daher gefragt, um das Störpotenzial wieder auf ein für Rotwild erträgliches Maß zu senken.

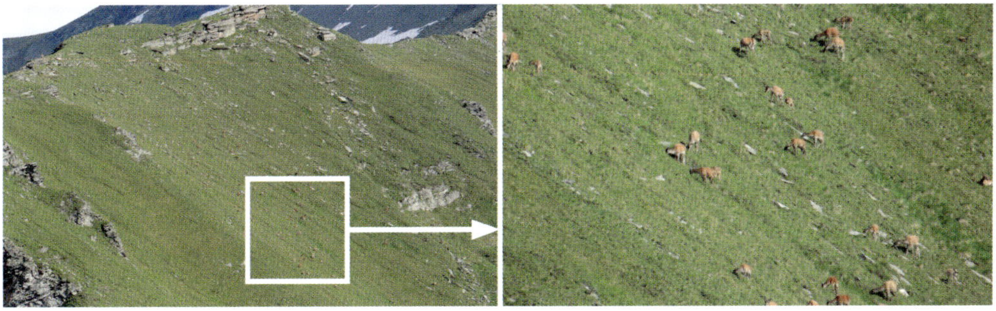

Auf der Freifläche vollkommen tagaktives Rotwild in einer Wildruhezone Fotos: H. Bretis

Wildruhezonen

Die größte Erfahrung mit Schutzgebieten und Ruhezonen hat in Mitteleuropa wohl die **Schweiz**. Vor über 100 Jahren entwickelten sich die ersten Jagdbanngebiete, die damals hauptsächlich den Schutz der Wildtiere vor Jägern vorsahen. Heute wird der Begriff des Wildschutzes viel weiter ausgelegt und auf gesetzlicher Basis soll das Wild vor einer Reihe von Störfaktoren geschützt werden (Fauna-Vorranggebiete, Naturlenkungskonzepte usw.). Die Regelungsmöglichkeiten für die Gemeinden und Kantone sind vielfältig und für den Einzelnen oft nicht leicht überschaubar. Beispielhaft ist der Kanton Graubünden vorgegangen, in dem die Gemeinden Wildruhezonen ausweisen können, auf kantonaler Ebene aber ein Katalog möglicher Maßnahmen aufliegt und diese individuell angepasst werden. So sind in den letzten Jahren allein in Graubünden 260 Wildruhezonen mit einer Gesamtfläche von 325 km^2 entstanden. Um Bedenken und Einwänden bei der Ausscheidung von Wildruhezonen zu begegnen, werden die „klassischen" Interessensgruppen (Jagd, Land- und Forstwirtschaft) sowie die „neuen" (Freizeit, Sport, Tourismus) frühzeitig in die Planung mit einbezogen.

Auch in **Österreich** haben sich in den letzten Jahren interessante diesbezügliche Projekte entwickelt, wie das Vorarlberger Projekt „Respektiere deine Grenzen". Häufig sind es leider Einheimische, die sich nicht an die Regelungen halten. In Reduktions- und Regulierungsphasen kann es natürlich zweckmäßig sein, bei Bedarf auch einmal Regulierungseingriffe in solchen Ruhezonen durchzuführen und die Zonen auch einmal zu verändern bzw. die Grenzen zu verschieben.

Jagdliche Gedankensplitter

Im Zusammenhang mit dem Jagddruck im Winter sind einige weitere Themen überlegenswert.

Das „Stangensuchen" geschieht leider allzu oft in einer für das Rotwild höchst sensiblen Zeit.
Foto: A. Deutz.

Ein Dauerbrenner dabei ist die Frage, wo der bis zum Spätherbst nicht erfüllte **„Restabschuss"** erlegt wird. Steht bei Rot- und Rehwild besonders die Frage der Bejagung auf Fütterungswechseln oder im Bereich von Fütterungen bzw. Fütterungseinständen im Raum, erhebt sich bei Gams- und Steinwild besonders das Problem des Jagddruckes in Wintereinständen mit möglichen Vertreibungseffekten aus diesen oft überlebensnotwendigen „Schlüssel-Habitaten".

Hier sei auch noch eine kritische Anmerkung zum **Stangensuchen** gemacht. Wenn andere Naturnutzer (zu Recht) auf sanfte oder oftmals auch weniger sanfte Art darauf hingewiesen werden, gewisse Einstände zu meiden, der Jäger aber dort unterwegs ist, sobald die ersten Hirsche abgeworfen haben, untergräbt dieses Verhalten die gewünschte Rücksichtnahme anderer Naturnutzer.

Auch Luderplätze für die **nächtliche Fuchsbejagung** sollten so ausgewählt werden, dass bei der Bejagung von Fuchs und Marder nicht unbewusst Schalenwild durch diese Bejagung gröbere Störungenerfährt. Einen erheblichen Einfluss auf das Raum-Zeit-Verhalten des Rotwildes hat die mittlerweile in einigen Bundesländern zugelassene Nachtjagd mit Nachtzielhilfen auf Schwarzwild. Diese Möglichkeit darf auch keinesfalls dazu verleiten, dass dabei Rotwild illegal „mitbejagt" wird.

Nicht zuletzt für das Verhalten des Rotwildes relevant sind **Verstänkerungsaktionen** einzelner Jäger an den Jagdgrenzen oder sogar im Nachbarrevier, die aus einem „aggressiven Revierdenken" resultieren und die Bejagung zusätzlich erschweren. In Zeiten derartig hoher Rotwildbestände und schwieriger Bejagbarkeit sollten solche Jagdstörungen mit empfindlichen Strafen belegt werden können. Ein derartiges Verhalten zeigt auch die Kontraproduktivität der Revier-Egoismen in Zeiten erforderlicher Reduktionsbemühungen auf.

Neben akustischen Mitteln (außerjagdliche Schüsse, laute Stimmen, Autotürenschlagen oder Durchfahren zu besten Jagdzeiten ...) kommen auch olfaktorische (wie Rasierwasser, Haarspray usw.) zur Anwendung, selbst Verstänkerungsmittel zur Verringerung von Straßenfallwild oder Mähkitzen werden fernab von Straßen und Mähwiesen zu Zwecken der Jagdstörung missbraucht.

Mit jeglicher Form von gezielten Wildbeunruhigungen oder Jagdstörungen wird die Spirale der ohnedies stetig steigenden Scheuheit des Rotwildes nochmals angeheizt, was schlussendlich die Bejagbarkeit noch viel schwieriger macht und zugleich die Wildschadenssituation anheizt. Solche Praktiken fallen schlussendlich dem Rotwild sprichwörtlich „auf das Haupt", zumal es bei Behinderung der Bejagung zu den gesetzlich festgesetzten Schusszeiten vermehrt zu Schadwildabschüssen auch außerhalb der regulären Schusszeit kommt. Die vermeintlichen „Rotwildschützer" werden so zu Totengräbern des Rotwildes ...

Rechtliches zu Störungen

Rechtsanwalt Dr. Martin Moser, Murau, sieht hinsichtlich Jagdstörungen bei einigen Landesgesetzgebern Handlungsbedarf. Den meisten Landesjagdgesetzen ist im Gegensatz zum Tiroler Jagdgesetz ein Verbot der vorsätzlichen Beunruhigung des Wildes fremd. Nach dem Tiroler Jagdgesetz ist die vorsätzliche Beunruhigung des Wildes mit einer Geldstrafe bis zu € 2.000,– zu bestrafen. Das Zivilrecht kann jedoch im Zusammenhang mit der Störung des Jagdbetriebes Abhilfe schaffen. Beispielsweise hat sich der OGH bereits mit gewerblich durchgeführten „Nachtsafaris" in Jagdrevieren auseinandergesetzt und einer Unterlassungsklage stattgegeben (7 Ob 251/03t). Drei Pächter einer Gemeindejagd haben ebenfalls erfolgreich einen Paintball-Verein auf Unterlassung von Paintball-Spielen im Jagdrevier geklagt (9 Ob 15/11p). Radfahrer, die ein Fahrverbot im Jagdrevier missachten, begründen ebenfalls einen Unterlassungsanspruch des Jagdausübungsberechtigten (1 Ob 159/00i). Ein Jagdausübungsberechtigter kann sich daher gegen Störungen mit einer Unterlassungsklage zur Wehr setzen. Der Jagdausübungsberechtigte muss nicht beweisen, ob das Wild durch die störende Handlung konkret beunruhigt wurde. Maßgeblich ist vielmehr, ob die Handlung im Jagdrevier geeignet ist, das Wild zu stören und somit auch den Jagdbetrieb zu beeinträchtigen (2 Ob 45/20m m.w.N.).

Jagdbehinderungen: in eine Hochsitzleiter eingeflochtene Äste ... Foto: U. Deutz

... und Chlortablette Foto: U. Deutz

Folgen von Störungen

Interessant hierzu sind Untersuchungen, welche sich mit dem Fluchtverhalten dieser Wildart beschäftigten. Eine **Studie aus Deutschland** verglich anhand besenderter Tiere die zurückgelegten Fluchtstrecken. Dabei zeigte sich, dass Wanderer auf bekannten Wanderwegen zu durchschnittlichen Fluchten von etwas über 200 m führten, während Störungen durch Kraftfahrzeuge mittlere Strecken von über 500 m zur Folge hatten, was zudem deutlich davon abhängig war, ob aus der Umgebung von Autos aus gejagt wurde oder nicht. Jagdlich bedingte Beunruhigungen zogen allerdings Fluchtstrecken von bis über 4.300 m nach sich!

Studien aus Dänemark zu Bewegungsjagden brachten ähnliche Ergebnisse bei gleichzeitig mehrtägigem Fernbleiben vom Störungsgebiet. Die Aktivität der Tiere blieb am Folgetag in der Nacht gleich, nahm aber tagsüber ab. Dabei blieb das Rotwild für 96 % des Tages und 43 % der Nacht in bewaldeten Einständen. Es spielte auch keine Rolle, ob zwischen den einzelnen Jagden vier oder 30 Tage lagen.

Andere Studien zeigen, dass beunruhigtes Rotwild in stärker vom Menschen belasteten Gebieten kleinere Streifgebiete nutzt als wenig beunruhigtes oder unbejagtes Rotwild, da es sich wesentlich enger an den vorhandenen Sicherheitskomplexen orientiert. Diese Ergebnisse könnten zur Frage führen, inwieweit hoher Jagddruck Rotwild überhaupt noch seine natürlichen Verhaltensweisen ausleben lässt. Eine jagdlich bedingte Vergrößerung der Streifgebiete konnte in einem Fall dokumentiert werden, allerdings in einem relativ unberührten Gebiet. Eine andere Untersuchung zeigt, dass Rotwild versuchte, bei zunehmender Bejagungsintensität und Abnahme der Dichte größere Rudel zu bilden. Dies wird als möglicher Hinweis auf das stärkere Sicherheitsbedürfnis gedeutet, welches in einer großen Gruppe eher erfüllbar scheint. Für die Praxis könnte dieses Verhalten als möglicher Hintergrund für mancherorts hohe Wildschäden bei geringer Dichte in Betracht gezogen werden.

Und hier schließt sich wieder der Kreis zu den weiten Schüssen. Es ist ein Irrglaube zu denken, dass die meisten älteren Stücke nicht wüssten, was der Mensch bzw. was Schüsse bedeuten können. Weite Schüsse setzen somit diese Wildart immer mehr unter Druck und können große Auswirkungen auf das Raum-Zeit-Verhalten ausüben. Gleichzeitig geht damit auch viel an jagdlichem Handwerk verloren. In Reduktionszeiten kann aber mitunter nicht gänzlich auf weite Schüsse verzichtet werden, beispielsweise bei der Gegenhangbejagung.

„Außensteher“ unerwünscht

Ein Gedanke sei auch noch zu den sogenannten „Außenstehern“ oder „freien Überwinterern“ erlaubt – gemeint sind jene Stücke, welche freiwillig abseits der Fütterung überwintern. Diese unterliegen oftmals als „Schadhirsche“ einer intensiven Verfolgung. Zuweilen sind sie tatsächlich Schadhirsche, oft vermutlich deshalb, weil sie allein oder in geringer Dichte und damit mit gestörtem Sicherheitsgefühl (oder auch mit alten Schuss- oder Forkelverletzungen) unterwegs sind.

Durch die Erlegung der „Außensteher" wird den Rotwildpopulationen immer mehr Wissen zur Überwinterung ohne menschliche Hilfe genommen und werden immer stärkere Traditionen hin zur Abhängigkeit von menschlicher Hilfe aufgebaut. Und wenn man heute davon ausgeht, dass die nächste domestizierte Tierart mit großer Wahrscheinlichkeit der Rothirsch sein wird (siehe Neuseeland mit gezielter Zuchtwahl, künstlicher Besamung und Embryotransfer beim Rotwild), sollte dies nachdenklich stimmen.

Als Abschluss sei hierzu noch das Ergebnis einer Befragung in Deutschland von Personen, welche mit Rotwild konfrontiert sind, wiedergegeben: Jene Befragten, die die Bedürfnisse des Rotwildes in den Mittelpunkt stellten und die freie Wahl des Sommer- und Winterlebensraumes dem Rotwild zugestehen wollten, waren auch bereit, jagdliche Kompromisse wie eine drastische Verkürzung der Jagdzeiten einzugehen. Dass derartige Visionen natürlich nicht alleine über jagdliche Veränderungen, sondern nur über Rücksichtnahme aller Naturnutzer führen kann, ist klar. Insbesondere für den Alpenraum erhebt sich die Frage, ob dem Rotwild eine freie Einstandswahl und Raumnutzung überhaupt noch zugestanden werden will? Im Schutz- und insbesondere im Bannwald wird die Toleranz dafür enden wollend sein.

Foto: H. Bretis

Sind wir die Krone der Schöpfung?

Ältere Faktoren

Jüngere Faktoren

Hohe unsichtbare Bestände

Zukunft?

Spirale der Scheuheit

In den meisten Regionen hat sich das Verhalten des Rotwildes über die letzten Jahrzehnte stark verändert; einhergehend damit wurde die Bejagung schwieriger. Rotwild verlegte seine Hauptaktivität auf Freiflächen in die Nachtstunden, und besonders Kahlwild verringerte seine Streifgebietsflächen, da erfahrungsgemäß jede Bewegung mit Gefahr verbunden ist. Einige Faktoren, die diese Spirale der Scheuheit angetrieben haben und weiterhin noch verschärfen, sollen andiskutiert werden.

Sind wir die Krone der Schöpfung?

Ein Grundübel ist vermutlich, dass der Mensch (*Homo sapiens*, „sapiens" steht für „verstehender, verständiger" oder „weiser, gescheiter, kluger, vernünftiger Mensch") seine Fähigkeiten über- und jene von (Wild)Tieren bei weitem unterschätzt. So auch die Fähigkeiten der Sinnesorgane sowie das „Merkvermögen" von Rotwild. Rotwild ist imstande, einmalig gemachte negative Erfahrungen rund 5 Jahre zu speichern. Diese Erfahrungen werden natürlich an die Nachkommen weitergegeben, allein schon durch ein vorsichtigeres Verhalten in Raum und Zeit.

Neben der genetischen Ausstattung von Wildtieren gibt es individuelle Charaktereigenschaften. So ließen sich beispielsweise besenderte Wapitis in zwei Gruppen einteilen: Einerseits waren es vorsichtige Stücke, welche sich kleinräumiger in deckungsreichem Gelände bewegten, und andererseits agilere, bewegungsfreudigere Tiere, welche sich auch häufiger in lichten Waldbeständen oder auf Freiflächen aufhielten. Tiere aus der zweiten Gruppe wurden in der Vergangenheit leichter erlegt, der scheuere Restbestand war schwieriger zu beobachten bzw. zu bejagen und vermehrte sich. Dieses scheuere Verhalten wird an Kälber und Schmalstücke weitergeben, und die Spirale begann sich zu drehen. In vielen Rotwildregionen fällt in den letzten Jahren auf, dass besonders Kahlwild immer kleinere Streifgebiete hat, sicherlich aufgrund der Erfahrung, dass jedes weitere Wechseln mit zusätzlichen Gefahren verbunden ist. So stehen Tiere mit ihrem Nachwuchs über den Sommer oft nur auf wenigen Hektaren in Gräben, wo sie Äsung, Wasser und Deckung haben. Vermutlich ist es nur eine Frage von wenigen Generationen, bis dieses erworbene vorsichtigere Verhalten nicht nur anerzogen wird, sondern zusätzlich über das Erbgut weitergegeben werden kann (Epigenetik). Für die Rotwildbejagung lässt dies in Zukunft enorme Schwierigkeiten erwarten.

Ältere Faktoren

Als Jungjäger wurden wir von den Altvorderen noch so geschult, dass es unweidmännisch oder nahezu frevelhaft sei, an einem Tag mehr als ein Stück Schalenwild zu erlegen. Bei dieser Einstellung wurde damals quer durch die Lande vielen Tieren das Kalb oder Schmalstück weggeschossen und das Tier geschont, obwohl damals noch häufiger die Möglichkeit von Mehrfachabschüssen vorhanden gewesen wäre. Dass schon damals die Muttertiere mit oft mehrfachen Verlusterfahrungen vorsichtiger wurden, liegt wohl auf der Hand. Über die letzten Jahrzehnte war es natürlich leichter, die „Unvorsichtigeren", die abends früher austraten oder morgens später einzogen, zu erlegen als die Vorsichtigeren. Auch das hat schon frühzei-

Foto: A. Deutz

tig die Spirale der Scheuheit angetrieben. War es früher auch nicht schwierig, bei Rotwildriegeln trotz Autotürenschlagens und lauter Unterhaltung samt Husten bis zum Stand das eine oder andere Stück Rotwild zu erlegen, flüchtet Rotwild heute schon weiträumig auf große Distanzen, sobald in einen Graben morgens plötzlich mehr als ein Auto reinfährt – oder es lässt andernorts Durchgeher oder Treiber auf wenige Meter vorbei und drückt sich gekonnt, wie Rehe oder Hasen es tun ...

Jüngere Faktoren

Die Zunahme der ganzjährigen Naturnutzung durch uns Menschen bei Tag und oft sogar bei Nacht sowie die Ausdehnung des Verbreitungsgebietes des Schwarzwildes mit zusätzlichem Jagddruck auch in der Nacht und nicht zuletzt das Auftreten des Wolfes sind weitere wesentliche Lenkungsfaktoren für das Rotwild. Durch die schwierigere Bejagbarkeit ergriff man (mitunter illegale) Methoden, die den Jagderfolg wieder steigern sollten, und diese Methoden waren Grund für eine weitere Steigerung der Scheuheit. Seien dies Kirrungen, Nachtjagd, Bejagung vom Auto aus oder an Fütterungswechseln sowie schlecht organisierte Bewegungsjagden. Was nur ansatzweise versucht wurde, sind revierübergreifende Jagden, die mit einer einmaligen Beunruhigung größere Strecken erwarten lassen. Stattdessen wird versucht, Jagdgrenzen „dicht" zu machen oder Rotwildwechsel zu verstänkern.

Hohe unsichtbare Bestände

Trotz stark steigender Abschusszahlen in den letzten Jahrzehnten sinken vielerorts die Rotwilddichten nicht, und Rotwild kommt mittlerweile in Regionen vor, wo es noch nie auftrat oder wo es in den letzten Jahrzehnten nicht mehr lebte. Ursache dieses Phänomens ist meist ein zu den weiblichen Stücken hin verschobenes Geschlechterverhältnis mit hohen Zuwachsraten. Verbunden mit den hohen Beständen ist ein hohes Schadensrisiko wie auch ein erhöhtes Risiko hinsichtlich des Auftretens von Krankheiten und Seuchen. Die Notwendigkeit, Rotwildbestände auf das Maß der wirtschaftlich tragbaren Lebensraumkapazität herabzusetzen, wird von den Beteiligten in vielen Fällen zu spät erkannt, und es fehlt in der Folge oft der Wille und/oder das ausreichende Durchhaltevermögen sowie ausreichend geeignete Jägerinnen und Jäger. Der Waldumbau aufgrund von Borkenkäfer- und Sturmschäden und die Anpassung an den Klimawandel, die „klimafitte" Wälder fordert, stellen die Rotwildbejagung noch dazu vor neue und schwierige Aufgaben.

Zukunft?

Hohe Abschussvorgaben und verzögerte Abschusserfüllung erhöhen meist den Jagddruck und verändern das Raum-Zeit-Verhalten des „belehrten" Rotwildes. Mit steigendem Bejagungsaufwand und sinkendem Jagderfolg lässt die Motivation der verantwortlichen Jäger nach, und das Ziel einer effizienten Rotwildregulierung rückt immer weiter in die Ferne. Die effiziente Wildstandsregulierung beim Rotwild ist angesichts der außerordentlichen Sinnesleistungen und der Lernfähigkeit des Rotwildes sicher eine der größten jagdlichen Herausforderungen, ähnlich wie bei der Schwarzwildbejagung.

Zukünftig unbedingt notwendig sein wird eine kreative Veränderung von Jagdstrategien. Wer für das Wild möglichst „unkalkulierbar" ist, macht es durch „abwechslungsreiche" Bejagung am wenigsten scheu. Bei gleichbleibender Jagdstrategie hingegen sinkt der Jagderfolg sukzessive, und die Abschüsse lassen sich immer schwerer erfüllen – vor allem bei wiederholt „belehrten" Alttieren, denen man schon mehrfach ihre Jungtiere weggeschossen hat. Auch ein Schuss in große Rudel bringt viele „stumme Zeugen".

Das oberste Ziel nach jeder Reduktionsphase sollte es sein, noch vertrautes Wild mit einer guten Struktur (Altersklassen, Geschlechterverhältnis) im Revier zu haben. Jeder Rotwildspezialist hat unterschiedliche Strategien, um diese zu erreichen. Jedes Revier hat andere Voraussetzungen (Jäger, Gelände, Erschließung, Größe, Ruhezonen ...) und wird unterschiedliche, teils gegensätzliche Ansätze entwickeln, um zum gleichen Erfolg zu kommen. Notwendig sind jedenfalls ein Einfühlungsvermögen für Rotwild und ein vollkommener Verzicht auf verbotene jagdliche Lenkungsmaßnahmen – und nicht ein blindes Vertrauen auf Waffentechnik und Optik.

Es wird eine ganz wesentliche Zukunftsfrage für das Weiterbestehen der Jagd in Mitteleuropa, ob in den nächsten wenigen Jahren die vielerorts schwelende „Rot- und Schwarzwildproblematik" jagdlich beherrscht werden kann. Bei einem Scheitern macht sich die Jagd noch angreifbarer, als sie ohnedies schon ist. Hauptsächlich wird es von unserem „Wollen" und „Können" abhängen und von dem Umstand, dass wir nicht weiterhin diese beiden hochsozialisierten Wildarten von ihren Fähigkeiten her maßlos unterschätzen.

Immer scheueres Kahlwild verkleinert seine Streifgebiete und wird immer schwieriger zu bejagen. Das vorsichtige Verhalten wird den Nachkommen anerzogen und könnte sogar epigenetisch vererbt werden. *Foto: A. Deutz*

Gesichtssinn

Geruchssinn

Duftdrüsen

Gehörsinn

Jagdliche Selektion hin zu scheuen Tieren

Die Sinneswelt des Rotwildes

Rotwild gibt uns zunehmend Rätsel in seiner Bejagung auf. Ein wesentlicher Teil der Fähigkeit, sich der Bejagung zu entziehen, liegt sicherlich einerseits in den außerordentlichen sinnlichen Fähigkeiten des Rotwildes und andererseits im erstaunlichen Merkvermögen über Jahre.

Gesichtssinn

Wildwiederkäuer besitzen eine querovale Pupille, die, neben der seitlichen Lage der Lichter am Haupt, das **Blickfeld stark erweitert** und eine **hervorragende Nahorientierung** gewährleistet. Wie scharf ein Tier sehen kann, hängt vor allem von der Dichte der Sehzellen auf der Netzhaut ab. Bei vielen Wildtierarten ist die Nervenzellendichte im zentralen Bereich der Netzhaut, wo das schärfste Sehen möglich ist, sehr hoch. Einige Wildarten, wie etwa Rot-, Gams-, Stein- und Muffelwild, besitzen zusätzlich ein schmales Band mit hoher Nervenzelldichte, welches sich horizontal über die Netzhaut erstreckt und eine weitere Zone mit sehr gutem Sehvermögen darstellt. Dieser streifenförmige Abschnitt der Netzhaut mit dichter Anordnung von Sehnervenzellen dürfte in Zusammenhang mit der Lebensweise dieser Arten stehen. So ist für Offenlandbewohner der Horizont ein wichtiger Bereich für das Erkennen von Feinden. Deshalb müssen sie zur Feindvermeidung diesen Ausschnitt der Landschaft besonders gut wahrnehmen können.

Gämsen und Steinböcke halten ihr Haupt am Hang fast immer so, dass die **„Horizontlinie“** in ihren Augen bzw. auf ihrer Netzhaut parallel zur Horizontlinie des Geländes verläuft. Rotwild hingegen gleicht

Rotwild ist uns bezüglich seiner Sinnesleistungen enorm überlegen. Der leistungsfähige Gesichts-, Geruchs- und Gehörsinn und seine Lernfähigkeit helfen dem Rotwild, sich einer Bejagung sehr erfolgreich zu entziehen.

Bewegungen des Hauptes, zum Beispiel beim Äsen, durch einen gut beweglichen Augapfel aus, sodass die „Horizontlinie" im Auge unabhängig von der Haltung des Hauptes immer parallel zum landschaftlichen Horizont steht. Der Jäger auf einem freien Hochsitz gegen den Himmel stellt deshalb bei kleinster Bewegung einen sehr leicht erkennbaren „Feind" dar. Für Mufflons wird beschrieben, dass sie Feinde bereits auf einen Kilometer eräugen könnten. Wagenknecht ging überhaupt davon aus, dass ein Lidschlag des menschlichen Auges von Rotwild auf ca. 50 m zu eräugen wäre.

Damit Wildwiederkäuer auf oft rasanten Fluchten nicht über Hindernisse stürzen, besitzen sie zusätzlich noch einen weiteren Bereich höherer Sehschärfe direkt oberhalb des Zentralbereiches. Dieser Sehabschnitt auf der Netzhaut hilft, den Boden vor dem Tier detailgetreu auf der Netzhaut abzubilden.

Bewegungssehen

Bei der optischen Wahrnehmung kommt Bewegungssignalen eine höhere Bedeutung zu als Farbsignalen. Für die Fähigkeit, **kleinste Bewegungen auch auf größere Entfernung wahrnehmen** zu können, sind bewegungsempfindliche Sehnervenzellen in den Randbereichen der Netzhaut verantwortlich. Zusätzlich unterstützt wird dieses Bewegungssehen von kleinen Unebenheiten auf der Hornhaut (Astigmatismus), die zwar das Scharfsehen etwas behindern, aber Bewegungen deutlich besser wahrnehmen lassen, als wir sie mit dem menschlichen Auge wahrnehmen können. Den entwicklungsgeschichtlichen Grund dafür, dass diese Zellen gerade an den Randbereichen der Netzhaut vorkommen, vermutet man darin, dass Feinde meist zuerst am Rand des Gesichtsfeldes auftauchen und sich bewegen. Eine frühzeitige Erkennung dieser Feinde erhöht die Überlebenschance für potenzielle Beutetiere.

Rotwild erfasst mit seinem Gesichtssinn den Jäger besonders leicht in der „Horizontlinie" und in Bewegung. Fotos: A. Deutz

In einer Untersuchung zur unterschiedlichen Auswirkung von visuellen Störungen und Geräuschreizen beim Rotwild wurde festgestellt, dass die Reaktionen auf visuelle Reize wesentlich stärker waren, ebenso die innerartliche Aggression während des Reizes und die Wachsamkeit in der Folge des Reizes. Dies bestätigen auch biometrische Untersuchungen.

Farbsehen

Das Farbsehen allgemein und wie viele Farben eine Tierart unterscheiden kann, hängt davon ab, wie viele unterschiedliche Zapfentypen und Sehpigmente diese Art besitzt. Auf der menschlichen Netzhaut finden sich drei verschiedene Zapfentypen, die für den Blau-, Grün- und Rotbereich empfindlich sind, womit die Regenbogenfarben von Violett bis Rot wahrgenommen werden können. Im Gegensatz dazu haben die meisten Schalenwildarten, Raub- und Nagetiere nur **zwei verschiedene Zapfentypen**: einen Rezeptor für kurzwelliges Licht von (Ultra-)**Violett bis Blau** sowie einen Rezeptor für die Farben **Grün bis Gelb**. Ein Rezeptor für Rot fehlt also den meisten Säugetierarten. Vögel haben solche Rezeptoren sehr wohl, da sie für das Erkennen von roten Früchten, Balzrosen usw. erforderlich sind. Säugetiere können deshalb die für uns Menschen extrem auffallende rote oder orange Warnkleidung nicht wahrnehmen. Ihr Farbsehen ist also vergleichbar mit jenem eines rotblinden Menschen, der grüne, gelbe und rote Farbtöne allesamt als grün bis gelb sieht. Im Lebensraum fallen Wildtieren daher vor allem Blautöne auf, was zum Beispiel die Verwendung von Blue Jeans bei der Jagd unzweckmäßig macht. Aber auch das Lodengrün wird von Wildtieren – besonders in der Dämmerung – sehr gut und wesentlich heller als von unserem Auge wahrgenommen.

Dämmerungssehen

Wenn auch viele Tierarten betreffend Sehschärfe und Farbwahrnehmung weit hinter den Möglichkeiten des menschlichen Auges liegen, so ist ihr Dämmerungssehen und ihre Fähigkeit, Bewegungen wahrzunehmen, deutlich besser. Bekannt ist diese Fähigkeit von Wild jedem Jäger, der bei gutem Wind regungslos auf der Forststraße vertrautes Wild beobachten konnte und wo dann selbst ein sehr vorsichtiger Griff zum Fernglas oder Gewehr mit Flucht quittiert wurde. Wie aber können nachtaktive Tiere Farbtönungen unterscheiden, wo doch „nachts

Rotwild hat nicht nur ein deutlich besseres Dämmerungssehen, sondern auch ein wesentlich weiteres Blickfeld (300 Grad) als der Mensch (140 Grad). (Rotwild oben, Mensch unten)

Quelle: Simulation GWL, Jagdmuseum Stainz

alle Katzen grau" sind und sie dunkelgrün als helle Farbe erkennen? Es gelingt ihnen über eine **sehr differenzierte Wahrnehmung von Hell und Dunkel**. Für den Bereich von Hellgrün bis hin zu Gelb nimmt die Empfindlichkeit der für das Dämmerungssehen verantwortlichen Stäbchen stark ab. Rot wird als sehr dunkel empfunden. Besonders empfindlich (bis zu achtmal stärker als beim Menschen) reagieren die Stäbchen hingegen auf die Lichtenergie, die von blauen bis dunkleren grünen Farbtönen ausgeht. Diese Farben, und darunter fällt auch der jagdgrüne Wetterfleck, erscheinen dem Schalenwild in der Dämmerung und Nacht besonders hell. Hirschartige sind auch in der Lage, kurzwellige Strahlung bis hin zu UV-Licht wahrzunehmen. Dies erleichtert dämmerungsaktiven Arten die Orientierung im Dunkeln, da im Dämmerlicht der Anteil kurzwelliger Strahlung deutlich höher ist als bei Tag. Man geht davon aus, dass Rotwild in der Nacht etwa sechsmal besser sieht als der Mensch.

Geruchssinn

Grundsätzlich entspricht die Riechschleimhaut der Wildwiederkäuer jener von anderen Tierarten, insbesondere von Fleischfressern, es gibt aber tierartliche Unterschiede. Die dichte Anordnung der „Riechzellen" in Kombination mit ihrem Feinbau ist Grund für die hervorragende Geruchsleistung der Wildwiederkäuer. Das Riechepithel junger Tiere ist niedriger als bei erwachsenen. Die Fläche der Riechschleimhaut ist durch die Ausbildung der Nasenmuscheln stark vergrößert. So hat das kleine Reh eine Gesamtriechfläche von 90 cm^2 und der wesentlich größere und schwerere Mensch nur von 2,5 cm^2. Rehe dürften menschliche Witterung auf Entfernungen bis zu 300 oder 400 m wahrnehmen, Rotwild bis über einen Kilometer! Bei unseren Jagdstrukturen sitzen sich also oft einige Jäger innerhalb des „Geruchsradius" gegenseitig im Wind, häufig nahe der Jagdgrenze, ohne voneinander zu wissen – der Anblick und somit ein möglicher Jagderfolg bleiben „unerklärlich" aus ...

Das Geruchsvermögen des Rotwildes dürfte das des Menschen rund um den Faktor 1 Million übertreffen und jenem eines Spitzenhundes entsprechen! Selbst bei kaum wahrnehmbarem Luftzug kann Rotwild menschliche Witterung über mehrere hundert Meter wahrnehmen.

Fotos: A. Deutz

In einer chemischen Untersuchung von Haarproben aus der Stirnregion von Weißwedelhirschen wurden 75 verschiedene Geruchskomponenten, darunter Alkane, Aldehyde, Ketone, Alkohole, Terpene und Phenole identifiziert, die von den Stirndrüsen gebildet werden. Diesen Duftstoffen kommt eine Bedeutung in der Erkennung von Individuen, in der Einstellung einer Rangordnung und zur Signalisierung sexueller Bereitschaft zu. Insgesamt dürfte die individuelle Variation hinsichtlich der Duftstoffe die Identifikation von Einzeltieren unterstützen. Aus Harnproben derselben Art wurden 55 flüchtige Substanzen, auch einige davon in höheren Konzentrationen bei dominanten, andere bei untergeordneten Hirschen, isoliert. Während der Brunft wurden neun Komponenten nur bei dominanten und 19 nur bei untergeordneten Hirschen gefunden, wobei die Konzentration bestimmter Inhaltsstoffe mehr Bedeutung für die Identifikation des Sozialstatus zu haben scheint als das Vorhandensein.

Duftdrüsen

Das Rotwild hat drei Duftdrüsenorgane. Zunächst gibt es die **Laufbürsten** (ca. 5 x 3 cm, heller behaart, an der Außenseite der Hinterläufe unter dem Sprunggelenk), die bei Hirschen und Tieren ausgebildet sind und deren Sekret beim Ziehen im hohen Gras Duftmarken hinterlässt. Am Haupt trägt der Hirsch eine nur relativ wenig sezernierende **Voraugendrüse**, die beim Tier nur angedeutet und beim Kalb wesentlich deutlicher sichtbar ist und hier auch einem Mutter-Kalb-Kontakt dient bzw. ein „Sättigungssignal“ darstellt. Die Voraugendrüse sezerniert bei Jungtieren reichlich, das Sekret dient als Pheromon sowie dem olfaktorischen Kontakt zwischen Muttertier und Kalb, nicht aber der Markierung von Territorien (Wölfel, 1999). Das für die Kommunikation wesentlichste und zugleich unbekannteste Duftorgan beider Geschlechter des Rotwildes ist das **Wedelorgan**, welches den Bereich der letzten acht bis neun Schwanzwirbel zirkulär umgibt. Das Organ ist ca. 12–16 x 3,5–4 cm

Besonders beim Kalb ist die Voraugendrüse aktiv und dient dem „Mutter-Kind-Kontakt“.
Foto: S. Pirker

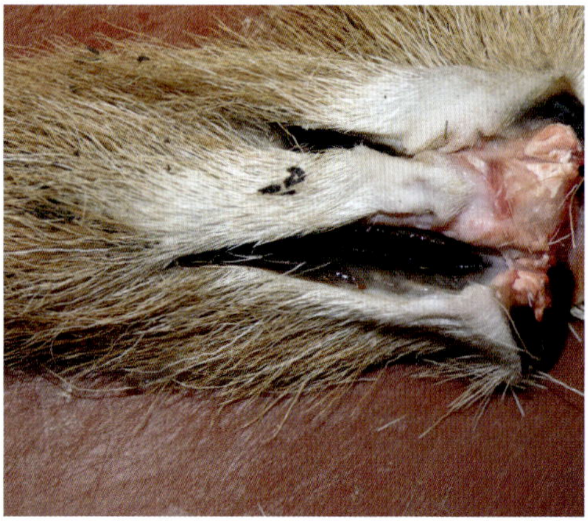

Das Wedelorgan dient der innerartlichen Kommunikation (angeschnitten, Hirschwedel).
Foto: A. Deutz

Die drei Duftdrüsen des Rotwildes dienen der innerartlichen Verständigung und damit auch der Warnung (Wedelorgan, Laufbürsten, Voraugendrüse). Foto: A. Deutz

groß mit zur Wedelspitze hin sich verjüngenden Enden und besteht fast nur aus dicht gelagerten Knäueldrüsen. Man nimmt an, dass vom Sekret der Wedeldrüse ein „Vertrauenssignal" gesetzt wird, welches dem ziehenden Rotwild eine hohe Duftfährte setzt, die das Rudel zusammenhält bzw. wieder zusammenführt (Hofmann, 1978).

Gehörsinn

Der Gehörsinn ist bei allen Hirschartigen ausgezeichnet. Beim Rotwild ist die **Raumorientierung** anhand von Geräuschen sehr gut ausgeprägt, wobei sich das **Hörvermögen bis in den ultrakurzen Wellenbereich** erstreckt. Durch das gute Hörvermögen und die beweglichen Lauscher gelingt es dem Schalenwild, Geräuschquellen sehr exakt zu lokalisieren und die weiteren Sinne (Lichter, Windfang) auf diese zu richten und damit besonders effektive „Feindvermeidung" zu betreiben.

Eine Untersuchung zur Bedeutung von Lautäußerungen im Mutter-Kind-Kontakt beim Rotwild ergab, dass ein Kalb seine Mutter besser an der Stimme erkennt als umgekehrt und dass sich das Muttertier mehr auf den Gesichtssinn sowie auf optische und geruchliche Signale verlässt.

Jagdliche Selektion hin zu scheuen Tieren

In Bezug auf die Jagd muss neben diesen beeindruckenden Sinnesleistungen auch das Verhalten hinsichtlich individueller „Charaktereigenschaften" berücksichtigt werden. Eine größere, mehrjährige Untersuchung an Wapitis lieferte hierzu interessante Ergebnisse. So ließen sich die besenderten Tiere in zwei große Gruppen von Tieren teilen: Entweder waren es vorsichtige Stücke, welche sich kleinräumiger bewegten, vorrangig in deckungsreichem Gelände unterwegs waren und sich gerne versteckten, oder sie gehörten zur Gruppe von agileren, bewegungsfreudigeren Tieren, welche auch häufiger in lichten Arealen oder auf Freiflächen anzutreffen waren. Der Nachteil dieses Verhaltens war allerdings, dass Tiere mit diesem Verhalten häufiger von Jägern erlegt wurden als Tiere aus der Gruppe der Vorsichtigen. Legt man diese Studie auf das heimische Rotwild um, würde dies bedeuten, dass sich langfristig die Anzahl der im Verhalten scheueren Stücke immer weiter erhöht.

In vielen Revieren ist es beispielsweise nur mehr wichtig, dass genügend Kahlwild erlegt wird, denn die Zeit ist oftmals (leider) nicht mehr gegeben, um tatsächlich selektiv zu jagen. Nicht nur, dass dabei die Anzahl scheuerer Tiere stetig zunimmt, dieses scheue Verhalten der immer größer werdenden Gruppe wird auch an die Schmalstücke und Kälber weitergegeben und die Spirale dreht sich weiter. Und noch weiter gedacht, stellt sich die Frage, wie lange es dauert, bis sich solche dem Überleben dienende Verhaltensweisen auch genetisch durchsetzen und weitergegeben werden (Epigenetik), wenn dies nicht bereits über den „Charakter"

Diese alten und aufmerksam sichernden Tiere geben ihre Erfahrung über ihr scheues Verhalten weiter.
Foto: A. Deutz

Abb. 2: Ist die Sicherheit nicht gewährleistet, werden sämtliche andere Aktivitäten wie Wiederkäuen, Ruhen oder Aktivität hintangestellt. (Nach Greßmann und Deutz, 2012)

der Fall ist. In der vorliegenden Studie zu den Wapitis wird dies bereits diskutiert und für die Rotwildbejagung könnte ein solcher Umstand zukünftig noch größere Herausforderungen bedeuten …

Das alleinige Vertrauen auf noch bessere Technik (Weitschussgewehre, Optik, Zielhilfen usw.) wird wenig bringen, solange nicht die enormen Fähigkeiten des Rotwildes mit berücksichtigt werden und sich der Jäger auf diese einstellt. Es muss uns Jägern also gelingen, uns ein wenig in das Rotwild „hineinzufühlen“, sonst werden viele Bemühungen scheitern!

Erfahrene Tiere führen ihre Kälber schon vorsichtiger, und diese erlernen schon früh vorsichtiges Verhalten. Foto: A. Deutz

Äsungsverhalten & Sicherheitsbedürfnis

Rotwild ist kein Nachttier

Auswahl der Äsungspflanzen

Verdauungsvorgänge beim Rotwild

Äsungsverhalten und Schäden

Äsungsverhalten und Verdauung des Rotwildes

Aktivitätsmuster wie das Äsungsverhalten des Rotwildes variieren über den Jahresverlauf und werden neben dem Äsungsangebot hauptsächlich von menschlichen Aktivitäten beeinflusst. Rotwild als Rudeltier und größter heimischer Pflanzenfresser benötigt entsprechend große Äsungsmengen, was bei mangelndem Äsungsangebot, hohen Wilddichten oder ungünstiger Wildverteilung durch Störungseinflüsse besonders leicht zu Wildschäden führen kann.

Äsungsverhalten & Sicherheitsbedürfnis

Nach Bubenik (1984) ist die **Ernährungsweise** des Rotwildes typisch für gesellig lebende Wiederkäuer des **Mischäsertyps**, die bevorzugt in übersichtlichen Gras-Kraut-Stauden-Schichten äsen, die 100 m oder weiter nach vorne freie Sicht erlauben, und vor allem, wenn der Wald direkt ohne Buschrandzone angrenzt, sodass die Äsungsfläche schon beim Anwechseln optisch kontrolliert werden kann. Ist das Gelände unübersichtlicher, dann muss die Umgebung mindestens mit dem Geruchs- und Gehörsinn kontrollierbar sein, was leichten, sich nicht ändernden Luftzug voraussetzt, damit auch die leisesten Geräusche wahrgenommen werden können.

Das **Äsungsverhalten** eines Rotwildrudels ist dem „halboffenen Parkland" angepasst. Zu den Äsungsflächen wird meist im „Gänsemarsch" an-

Auf Freiflächen wird häufig in einer Reihe nebeneinander geäst. Foto: W. Deutz

gewechselt, auf den Äsungsflächen wird häufig in einer Reihe nebeneinander geäst. Sind unübersichtliche Übergangsbereiche vorhanden, sichern einzelne Stücke des Rudels über einige Zeit, während andere schon zu äsen beginnen, bis das Leittier austritt und dann alle Stücke auf der Freifläche gemeinsam äsen. Bei kleinen Hirschrudeln wurde beobachtet, dass der Rangniedrigste mit einem Geweihschlag veranlasst wurde, als Erster auszutreten. Dann tritt das restliche Rudel in einer „Fächerformation" aus. Falls das erste Stück – in der Meinung, ein Einzelstück vor sich zu haben – sofort erlegt wird, bedeutet das für das restliche Rudel wiederum einen Lerneffekt.

Rechts im Vordergrund ein hochgradig abgemagertes Kalb, welches den Winter wohl nur knapp überlebt hat. Foto: G. Greßmann

Den **Zeitpunkt des Ziehens** zum und vom Äsungsplatz bestimmt das Leittier. Kälber und Jährlinge, die nicht intensiv genug äsen, müssen den Äsungsplatz unter Umständen unzureichend gesättigt verlassen. Das hat zur Folge, dass sie am Ruheplatz früher hungrig werden. Die Verhaltensregeln hindern sie aber am Verlassen des Rudels. So wird im Bett geäst, wohin der Äser reicht, oder rund um das Muttertier. Durch dieses Verhalten werden ständig besuchte Ruheplätze, namentlich solche mit Jungwild, sehr intensiv genutzt. In der Nacht oder auf unübersichtlichen Schlägen wird im Block und nicht in einer Reihe geäst, wobei abwechselnd die Umgebung kontrolliert wird (Bubenik, 1984).

Rotwild ist kein Nachttier

Gegenüber dem Steppentier Asiens hat das Rotwild in Europa Waldareale besiedelt und wird durch im Tagesverlauf unterschiedliche Einflussfaktoren oft zu lange in diese Einstände verdrängt. Rotwild benötigt zur Sicherung einer ausreichenden Pansenfüllung täglich durchschnittlich **sechs bis acht Aktivitätsschübe mit Äsungsaufnahme**. In kleinräumigen, zersiedelten und beunruhigten Lebensräumen wurde dies immer unmöglicher – das Rotwild entwickelte sich zum Dämmerungs- und Nachttier. Unmöglich geworden sind auch weite Winterwanderungen in äsungsreiche Niederungs- und Auwälder, da die Landschaft zu zerschnitten ist. Es verbleibt daher in den Sommereinständen (in Berglagen) und überlastet dort in mitunter verarmten Lebensräumen (Monokulturen) die Äsungsgrundlage. Die Mehrzahl der sechs bis acht Aktivitätsschübe des Rotwildes sollte in der **Tag-Licht-Periode** auftreten, wobei die Hauptaktivitäten an die Dämmerung gebunden sind.

Der Tag-Nacht-Wechsel ist der synchronisierende Zeitgeber, solange kein anderer zu wirken beginnt. Ein wesentlicher Zeitgeber sind menschliche Aktivitäten, die die Bewegungsfreiheit des Rotwildes im Raum während der Lichtzeit stören oder verunmöglichen, sodass das Rotwild tagsüber vorwiegend in deckungsreichen Gebieten bleibt. Das hat wesentliche Auswirkungen auf die Kondition und das Verhalten und beeinflusst natürlich wiederum die Beobachtbarkeit und Bejagbarkeit – diese Spirale dreht sich bei gesteigerten Abschussvolumina und hohen Wildschäden sukzessive schneller. Durch die aufkommende „Nervosität“ wird Rotwild innerartlich aggressiver und der Schadensdruck (Schäl- und Verbissschäden) steigt abermals. Ein weiterer Zeitgeber sind im Sommerhalbjahr stechende Insekten, Fliegen und andere „Lästlinge“, die vorwiegend auf Freiflächen aktiv sind und Rotwild nachtaktiver werden lassen. Auch bei Vollmond verlängert sich die Nachtaktivität. Weitere Zeitgeber sind die Witterung (Niederschlag, Wind, Temperatur) und natürlich die Brunft sowie die Kälberaufzucht.

Rotwild bei Mond auf Freifläche neben Bauernhaus Foto: A. Deutz

Auch gibt es einen deutlichen **Geschlechtsunterschied im Aktivitätsmuster**, so haben Tiere einen deutlich geringeren Aktionsradius als Hirsche und nutzen damit das Äsungsangebot in ihrem Lebensraum intensiver. Mit Ausnahme von Brunft- und Feistzeit sind die Äsungszeiten beider Geschlechter annähernd gleich und liegen je nach Jahreszeit bei rund vier bis sechs Stunden. Auf jede Äsungsphase folgt eine Wiederkäuphase. Das Wiederkäuen nimmt täglich ungefähr den gleichen Zeitraum wie das Äsen in Anspruch, abhängig wiederum von der vorhandenen Ruhe und der strukturwirksamen Rohfaser der Äsung bzw. des Futters. Die Schlafschübe sind relativ kurz und reichen von einigen Minuten bis zu einer halben Stunde (Bubenik, 1984).

Ist zu wenig Äsung vorhanden, sind der Wildstand oder die Unruhe zu hoch, steigen unweigerlich der Verbiss- und der Schäldruck. *Fotos: A. Deutz*

Auswahl der Äsungspflanzen

Rotwild ist von seiner natürlichen Äsungsauswahl – in Abhängigkeit vom jeweiligen Lebensraum und Äsungsangebot – ein sogenannter **Mischäsertyp** (Intermediärtyp). Das heißt, dass neben Gräsern, Kräutern, Knospen, Zwergsträuchern, Flechten sowie Laub- und Nadelhölzern auch Eicheln, Bucheckern, Früchte, Pilze und Beeren aufgenommen werden. Der Gehalt an „strukturwirksamer Rohfaser", also älteren Pflanzenteilen und -fasern mit mindestens 1 cm Länge, die auch wiederkäufähig sind, ist in der Äsung des Rotwildes insgesamt höher als beim Rehwild, was auch bei der Fütterung dieser Wildarten unbedingt zu berücksichtigen ist.

Zwergsträucher, wie Heidelbeere (Schwarzbeere), werden das ganze Jahr über aufgenommen – von ihrer Wuchshöhe bzw. dem Verbiss kann auch auf die Äsungsknappheit geschlossen werden.
Foto: A. Deutz

WICHTIG **Grad der Beunruhigung**

Das Äsungsspektrum des Rotwildes hängt nicht nur von der Höhenlage, vom Äsungsangebot, also von der Vegetation auf Freiflächen und im Wald, den Waldgemeinschaften und der Art des Waldbaus ab, sondern auch wesentlich vom Beunruhigungsgrad, der touristischen Nutzung, der Jagdzeit, der Jagdmethode und damit verbunden dem Jagddruck. Der Grad der Beunruhigung bestimmt also die Äsungszeiten und Äsungsperioden wesentlich mit.

Im Wald wird die Kraut-Stauden-Schicht dort bevorzugt, wo sie an den genutzten und „sicheren" Äsungsflächen vorkommt und leicht erreichbar ist. Ist das nicht der Fall, wird Verbiss an Gehölzen zunehmen. Die bevorzugtesten Verbisspflanzen sind Strauch- und Weichholzarten, vor allem solche, die dem Verbiss angepasst sind (Weiden, Schwarzer Holunder, Hartriegel usw.). Von den Hartholzarten sind es Ahorn, Buche und Eiche. Nadelholzarten werden – wenn Laubhölzer zur Verfügung stehen – weniger gern verbissen. Außerdem werden Heidekrautgewächse, Moose, Pilze, Früchte, in Feldrevieren auch Getreide und Hackfrüchte aufgenommen und Rinde wird als Kompensierungsäsung geschält. Die Äsungswahl von Hirsch und Rottier ist verschieden, was auf Bevorzugung von anderen Kleinlebensräumen zurückgeführt werden kann (Bubenik, 1984).

In Polen konnten bei der Untersuchung von Rotwildpansen insgesamt 265 Äsungspflanzen bestimmt werden, darunter 25 Baum- und 24

Grünäsung auf 1.200 m Seehöhe im Jänner 2015 in der Obersteiermark – verlängerte Vegetationsperioden halten Rotwild in Vorlagen und verzögern den Zuzug zu den Fütterungen. Solche milden, schneearmen Winter häufen sich in den letzten Jahren. Foto: A. Deutz

Straucharten, 109 Kräuter, fünf Zwergsträucher, 48 Gras-, Seggen- und Binsenarten, fünf Moose, zwei Flechten, 37 Pilze und sechs Farne. Dabei sind im Sommerhalbjahr Gräser und Kräuter die Hauptäsung, Bäume, Sträucher und Zwergsträucher werden über das ganze Jahr aufgenommen. Gräser, falls vorhanden und zugänglich (Schneelage, Ruhe auf den Äsungsflächen), bilden ganzjährig den Hauptanteil in der Äsung. Die Trockenmasseaufnahme (= Äsungsmenge nach Abzug des in den Pflanzen enthaltenen Wassergehaltes) schwankt im Jahresverlauf und liegt durchschnittlich bei 2–4 kg Trockenmasse (TM) pro Stück Rotwild, wobei schwere Stücke auch mehr TM aufnehmen können.

Begehrt sind auch Schwarzer oder Roter Holunder („Hirschholler"). Foto: A. Deutz

Verdauungsvorgänge beim Rotwild

Das Vormagensystem der einzelnen Arten von Wildwiederkäuern kann man sich wie eine Gärkammer vorstellen. Diese Gärkammer fasst beim Rotwild ca. 21 bis 24 l (Rothirsch 100 kg) bzw. 16 bis 17 l (Tier 70 kg). Der Panseninhalt (Pansensaft) ist ein lebendes Medium, in welchem eine Vielzahl an Bakterien und Einzellern am Verdauungsvorgang beteiligt ist. In dieser „Gärkammer" werden Pflanzen oder Pflanzenteile, die für Nichtwiederkäuer unverdaulich sind, mithilfe dieser Mikroorganismen aufgeschlossen und so verwertbar gemacht.

Mischäser (Intermediäre Fresstypen, Zwischentypen), wie das Rotwild, stellen eine Zwischenform zwischen Konzentratselektierern und Grasfressern dar. Sie haben die bemerkenswerte **Fähigkeit**, sich sowohl anatomisch wie auch physiologisch **an sich ändernde Futterzusammensetzung und -qualität anpassen zu können**. Bei geringem Nahrungsangebot ernähren sie sich von gemischter Äsung (sowohl Gras und Kräuter als auch Blätter und Triebe). Große Mengen an Rohfaser werden aber so lange wie möglich vermieden. Umgekehrt können sie, wie Konzentratselektierer, ihre Äsungsaufnahme auf das Zwei- bis Dreifache steigern, sobald ausreichend Äsung vorhanden ist. Sobald jedoch ihre Äsungsgrundlage höhere Rohfasergehalte aufweist, „schalten" sie wieder auf wählerisch und reduzieren gleichzeitig auch ihren Stoffwechsel. Selbstversorger haben aber im Winter oftmals sehr karge Grasäsung im Pansen, sind gar nicht wählerisch oder es überwiegt das Sicherheitsbedürfnis und „unsichere" Äsungsflächen werden gar nicht aufgesucht. Nur so können sie auch in Mangelzeiten ihren Nährstoffbedarf decken. In der Verwertung faserreicher Futtermittel sind die Mischäser ebenso wie die Konzentratselektierer den Gras- und Raufutterfressern unterlegen. Zu den Zwischentypen gehören beispielsweise Rot-, Gams- und Steinwild, Hausziege oder Bison.

Arnold (2002) beschrieb den „verborgenen Winterschlaf" des Rotwildes, bei dem Rotwild sich rund ein Drittel des Tages mit reduzierter Wärmeproduktion und Pulsrate in einem Energiesparzustand befindet. Durch den natürlicherweise geringeren Eiweißgehalt der Äsungspflanzen im Winter sind auch die für die Verdauungstätigkeit aufzuwendende Energie und damit die „Verdauungsabwärme" geringer. Zusätzlich beschränkt sich die Aktivität der Tiere im Winter überwiegend auf die Nahrungsaufnahme – Voraussetzung dafür ist Ruhe im Lebensraum.

Äsungsverhalten und Schäden

Wegen des relativ hohen Äsungsbedarfes des Rotwildes können Verbiss und Schälen im Wirtschaftswald zu schwerwiegenden Schäden führen. Um Schäden zu minimieren, müssen die bevorzugten Äsungsflächen genügend Bodenvegetation aufweisen, was durch Pflege der Äsungsflächen (Mähen, Mulchen, Düngen) gefördert werden kann. Ruhezonen, die eine ungestörte Äsungsaufnahme gewährleisten, unterstützen diese Maßnahmen.

Das muss auch das Ziel der Rotwildhege sein und sollte im Interesse der Forst- und Landwirte liegen (Bubenik, 1984). Zum Wohlbefinden des Rotwildes gehört allerdings Ruhe im Revier, damit die arteigene Aktivitätsperiodik und im Zuge dessen das arteigene Äsungsverhalten aufrechterhalten werden können. Diesem Umstand bei steigenden Abschusserfordernissen gerecht zu werden, ist eine hohe Kunst der Rotwildbejagung und kann bei durchschnittlichen Jagdgebietsgrößen nur mehr revierübergreifend gewährleistet und bewerkstelligt werden (revierübergreifende Abschussplanung, gemeinsame Bewegungsjagden, darauf abgestimmter Fütterungsbeginn und Auswahl der Futtermittel usw.).

Rotwild lernt schnell zwischen „gefährlichen" und „ungefährlichen" Gebieten zu unterscheiden und ändert an so manchen Reviergrenzen (hier Zaun) sein Verhalten markant. Fotos: S. Pirker

Rotwild: Schädling & Seuchenreservoir?

Großer Pflanzenfresser

Faktoren für die Anfälligkeit des Waldes für Wildschäden

Wildschaden durch Störung

Übertragbare Krankheiten

Wenn heute über Rotwild diskutiert wird, so kommen in solchen Diskussionen – selbst in rein jagdlichen Kreisen – häufig Wildschadensprobleme oder wechselweise zwischen Wild- und Haustieren und möglicherweise auf den Menschen übertragbare Krankheiten vor. Das sind oft die „Treiber" für eine Wilddichte-Reduktion. Die Jagd auf Rotwild wird dann geistig rasch zur „Schädlingsbekämpfung", die manche auch zu fragwürdigem jagdlichem Verhalten verleitet.

Großer Pflanzenfresser

Das Rotwild ist – bis auf selten einwandernde Elche – der **größte heimische Pflanzenfresser** unter den Wildtieren. Kann der Äsungsbedarf im Sommer meist noch ausreichend gedeckt werden, so wird es in den (Ersatz-)Winterlebensräumen bei der heutigen Raumnutzung des Menschen schon schwieriger. Zusätzlich verschieben sich klimawandelbedingt die Jahreszeiten. Bis zum in den letzten Jahren meist späteren Winter-

Meist sind Verbiss- und Schälschäden Anlass für Rotwildreduktionen.

Foto: S. Pirker (links), A. Deutz (rechts)

einbruch gibt es noch im Dezember und sogar später Äsung auf Wiesen und Weiden und bei darauf einsetzenden Schneefällen steht Rotwild in den Vorlagen und fernab von Fütterungen. Schäl- und Verbissschäden in Wirtschaftswäldern sind dann schwer zu vermeiden.

Rechenbeispiel zu Schälschäden
Schält ein Stück Rotwild von einer rund 15–20 cm starken Fichte die feine Rinde am halben Umfang des Stammes etwa 25 cm hoch ab, kann es damit etwa ein Prozent seines täglichen Nahrungsbedarfs decken (rund 30 g Trockensubstanz). Wenn 50 Stück Rotwild während eines Winters nur zweimal tagsüber der Fütterung fernbleiben (z. B. Störung oder zu wenig Futter) und stattdessen im äsungsarmen Einstand einen Teil ihres Nahrungsbedarfs mit feiner Fichtenrinde decken – nehmen wir für diese Rechnung an, etwa ein Drittel des Tagesbedarfs – dann ist nach fünf Jahren mit 16.500 Schälwunden innerhalb dieses Einstandes zu rechnen. Halbherzig oder knapp bemessen zu füttern oder das Rotwild im Fütterungsbereich zu stören, muss man somit als Katastrophe für den Wald einstufen.

Faktoren für die Anfälligkeit des Waldes für Wildschäden

Durch die kontinuierlichen Einwirkungen wild lebender Wiederkäuer auf den Wald ergibt sich ein dauerhaftes Spannungsfeld zwischen Forstwirtschaft und Jagdwirtschaft. Dass Wildwiederkäuer einen maßgeblichen Einfluss auf die forstwirtschaftliche Wertschöpfung ausüben können, ist unbestritten. Die Auswirkungen des Schalenwild-Einflusses auf den Wald können jedoch sehr unterschiedlich sein, je nachdem, wie hoch das Bewaldungsprozent ist und wie der Wald aufgebaut ist und gepflegt wird. Neben jagdlichen und anderen Faktoren wirken sich also **auch forstliche Einflussfaktoren** maßgeblich auf das Ausmaß der Wildschäden aus. Eine gezielte Steuerung dieser Faktoren erleichtert die Reduktion von Wildschäden. Es geht dabei nicht um ein gegenseitiges Zuschieben von Verantwortlichkeiten zwischen Forstwirtschaft und Jagd, sondern um eine optimale Zusammenarbeit beider Seiten zur Minimierung forstlich bedeutender Wildschäden.

Im Forstschutz ist es gängige Praxis, dem Risiko für Borkenkäfer-Massenvermehrungen, Schneebruch- oder Windwurfschäden soweit wie möglich entgegenzuwirken, indem man versucht, Waldbestände durch entsprechende forstliche Maßnahmen weniger schadenanfällig zu gestalten. Im Hinblick auf Verbiss und Schäle hingegen werden solche Möglichkeiten traditionell nicht so konsequent genutzt. Auf einige Möglichkeiten zur Risikominderung sei deshalb an dieser Stelle hingewiesen.

Waldbauliche Betriebsformen bestimmen wesentlich die Schadensanfälligkeit der Wälder.

Foto: H. Bretis

Waldbauliche Betriebsform

Je mehr natürliche „Überschussproduktion“ an jungen Waldbäumen vorhanden ist, **desto mehr** können Wildwiederkäuer davon als **Nahrung** nutzen, ohne dass dies zu forstlichem Wildschaden führen muss. Aus diesem Grund ist das Schadensrisiko durch Verbiss bei Kahlschlagbetrieb mit Aufforstung meist deutlich höher als bei Naturverjüngungsbetrieb, vor allem, wenn die Naturverjüngung sehr stammzahlreich ankommt. Denn aufgeforstet werden aus Kostengründen meist nur so viele Jungbäume, wie zur Begründung einer neuen Waldgeneration mindestens notwendig sind – ohne „Überschuss“, der den Pflanzenfressern schadensfrei überlassen werden könnte. Dieser Zusammenhang wurde von Reimoser bereits vor drei Jahrzehnten eindrucksvoll herausgearbeitet und vielerorts dargestellt und veröffentlicht.

Kronenschluss

Der Kronenschlussgrad beschreibt, wie stark der Waldboden durch Baumkronen überschirmt wird (Überschirmungsprozent). Je dichter der Kronenschluss, umso gedrängter stehen die Kronen der Waldbäume, d. h., umso weniger Licht fällt auf den Waldboden und auf die Baumstämme und umso feiner bleibt dann auch die Rinde der Bäume. Je lockerer hingegen das Kronendach ist – also je geringer der Kronenschluss – desto mehr Licht gelangt ins Innere des Waldes und umso mehr Bodenbewuchs kann sich entwickeln. Damit steht für die Wildwiederkäuer mehr Nahrung zur Verfügung.

Mit sinkendem Kronenschlussgrad gelangt auch mehr Niederschlag durch die Baumkronen auf den Waldboden und die winterliche Schneedecke im Waldinneren ist höher. Wenn der Kronenschluss hingegen sehr hoch ist, so ist auch die Schutzwirkung des Waldbestands vor Witterungsunbilden für Schalenwild sehr hoch. Gleichzeitig ist durch den Lichtmangel am Boden weniger Äsung vorhanden. Diese Kombination führt zu einer erhöhten Anfälligkeit für Schälschäden, weil zusätzlich bei Lichtmangel auch die Rinde der Bäume feiner bleibt. Über die Gestaltung des Kronenschlusses in einem Waldbestand (Durchforstung, Auflichtung) kann demnach der Waldbewirtschafter maßgeblich beeinflussen, ob die Schälanfälligkeit steigt oder sinkt.

WICHTIG **Kronenschlussgrad**

Je höher in einer Region der Anteil an Waldbeständen mit hohem Kronenschlussgrad ist, desto größer wird der Äsungsdruck der Wildwiederkäuer auf die übrigen Flächen sein, auf denen Nahrung zur Verfügung steht (Konzentrationseffekt). Steht hingegen in ausreichend durchforsteten und/oder aufgelichteten Wäldern auf großer Fläche dezentral ein hohes Nahrungsangebot zur Verfügung, verteilt sich der Äsungsdruck der Wildwiederkäuer und das Risiko für Wildschäden reduziert sich erheblich.

Anteil an wintergrünen Nadelbäumen

Ähnlich wie der Kronenschluss beeinflusst auch der Anteil an wintergrünen Nadelbäumen ganz wesentlich, welchen Schutz ein Einstand dem Wild vor ungünstiger Witterung und Niederschlägen bieten kann. Schnee und Regen werden von den Kronen der Nadelbäume stärker zurückgehalten als von Laubbäumen und Lärchen. Diese Filterfunktion ist also das ganze Jahr über vorhanden. Während aufgrund dieser Schutzwirkung vor Witterungsunbilden somit Nadelbäume einen höheren Besiedlungsanreiz auf das Rot- und Rehwild ausüben, ist das Äsungsangebot hingegen oftmals geringer (ganzjährig weniger Licht am Waldboden). Es findet also schon bei der Baumartenwahl eine Schlüsselentscheidung bezüglich künftiger Wildschadenanfälligkeit statt.

Kraut- und Strauchschicht

Die Bedeckung des Waldbodens mit Kräutern und Sträuchern hängt eng mit dem Kronenschluss und der Baumartenzusammensetzung eines Waldes zusammen. Sie liefert für die Wildwiederkäuer ein sommerliches und im Fall von Sträuchern auch ein winterliches Nahrungsangebot, das schadensfrei abgeäst werden kann und somit den Verbiss an forstlich bedeutsamen Waldbäumen reduzieren hilft („Blitzableiter-Funktion"). Sträucher bieten darüber hinaus auch Sichtschutz für das sicherheitsbedürftige Wild. Je mehr äsungsattraktive Kräuter und Sträucher am Waldboden wachsen, umso weniger sind die umliegenden Waldbäume schälgefährdet.

Resümee

Je dichter und schadenanfälliger Waldbestände sind, **umso größer ist das Risiko für wildbedingte Schäden** und damit für Konflikte zwischen forstlichen und jagdlichen Zielen. Eine wesentliche, tragende Säule für eine nachhaltige Schalenwildbewirtschaftung bildet zwar ein auf die forstlichen Ziele und Rahmenbedingungen gut abgestimmtes jagdliches Management. Mindestens gleich wichtig ist aber ein forstliches Management, das auf die Lebensraumansprüche der Wildwiederkäuer und auf die Bejagbarkeit Rücksicht nimmt und das vor allem die Wildschadenanfälligkeit der Wälder senkt. Beides kann der Grundbesitzer als Eigenjagdberechtigter nach seinen Prioritäten gestalten.

WICHTIG **Faustregel**

Je höher das Bewaldungsprozent, desto höhere Bedeutung haben forstliche Maßnahmen.

Windwürfe verändern Rotwildlebensräume plötzlich und massiv. Kurzfristig nimmt das Nahrungsangebot stark zu; mittelfristig nehmen Bejagbarkeit und Äsungsangebot ab und die Schälanfälligkeit steigt stark an. Foto: A. Deutz

Beispiel für forstlichen Einfluss
Besonders eindrucksvoll zeigt sich die überragende Bedeutung des forstlichen Einflusses am Beispiel der Bundesländer Steiermark und Vorarlberg: In beiden Bundesländern gab es bereits bald nach dem Zweiten Weltkrieg einen relativ hohen Rotwildbestand, der nunmehr seit Jahrzehnten auf sehr ähnliche Weise an Fütterungen überwintert wird. Die Steiermark weist laut Österreichischer Waldinventur mit Abstand die höchsten Schälschäden Österreichs auf, Vorarlberg hingegen die geringsten! Der entscheidende Grund dafür liegt in der unterschiedlichen Waldstruktur dieser beiden Bundesländer, die sich aus der unterschiedlichen forstlichen Bewirtschaftung ergeben hat. Dies konnte im Rahmen einer Dissertation von Fritz Völk anhand von Waldinventur-Daten nachgewiesen und statistisch abgesichert werden.

Wildschaden durch Störung

Für ein Einzeltier zeigen sich die Folgen von Störeinwirkungen und daraus resultierendem Fluchtverhalten im erhöhten Energieverbrauch, der wieder durch gesteigerte Äsungsaktivität wettgemacht werden muss. Oft kommt es durch Störungen zu Konzentrationen von Wild in ruhigen Teilen des Reviers und dort dann infolge der zu hohen lokalen Dichte zu entsprechenden Schäden. Das Ausmaß von Wildschäden wird also in sehr starkem Ausmaß von der Wildverteilung beeinflusst. In diesem Zusammenhang sei darauf verwiesen, dass neben den touristischen auch die jagdlichen Aktivitäten mitbestimmend sind. Vor allem bei Schalenwild wird der Einfluss vorhandener Freizeitaktivitäten durch hohen Jagddruck erheblich intensiviert. Völk (1995 und 2012) spricht in diesem Zusammenhang von der Gefahr der wechselseitigen Aufschaukelung durch jagdbedingt erhöhte Scheuheit des Wildes.

Eine unsachgemäße Bejagung in Fütterungsnähe provoziert sehr leicht Wildschäden und ist deshalb kontraproduktiv. Sollte eine Bejagung im Fütterungszeitraum in der Nähe von Fütterungsstandorten zur Wildstandsregulierung unvermeidbar sein, so sind die landesgesetzlichen Bestimmungen natürlich einzuhalten (in Vorarlberg z. B. ist dies Jagdschutzorganen erlaubt) und es sollten diese Abschüsse hauptsächlich beim Wegziehen des gesättigten Wildes am Morgen erfolgen. Hungriges Wild beim Zuzug zur Fütterung zu bejagen, verlagert die Nahrungsaufnahme auf die Waldvegetation im Bereich schützender Einstände.

Übertragbare Krankheiten

Risikopotenziale in Zusammenhang mit der wechselweisen Übertragung von Krankheiten zwischen Wild- und Haustieren sind vor allem regional hohe Wilddichten, gemeinsame Äsungs-/Weidegebiete, Fütterungsstandorte sowie Sulzen oder das Aussetzen von Wildtieren. Das Leben in Rudeln wie bei Rot-, Gams- und Steinwild oder intensive Tierkontakte, wie sie bei Fütterungen gegeben sind, stellen Hauptrisikofaktoren für eine Ausbreitung von Krankheiten dar. Zusätzlich erhöht ein starker Befall mit Innenparasiten oder eine fütterungsbedingte

Wechselweise zwischen Wild- und Haustieren übertragbare Krankheiten führen rasch zu gegenseitigen Schuldzuweisungen zwischen Jägern und Landwirten. Foto: S. Pirker

chronische Pansenübersäuerung (Pansenazidose) das Infektionsrisiko. Pansenazidosen haben einen negativen Einfluss auf die körpereigenen Abwehrsysteme. Manche Innenparasiten saugen sich an der Darmschleimhaut an und setzen damit kleine Verletzungen, über welche Infektionserreger leichter in den Körper eindringen und die Tiere infizieren können. Bei Rotwild nimmt in den letzten Jahren in Mitteleuropa beispielsweise das Tuberkulose- und Paratuberkulose-Infektionsrisiko deutlich zu.

Durch gegenseitige Infektionen zwischen Wild- und Haustieren kann es nicht nur zu klinischen Erkrankungen oder Todesfällen bei Tieren kommen, sondern bei einigen Krankheiten auch zu einer Gefährdung der menschlichen Gesundheit oder zu veterinärbehördlichen Sperrmaßnahmen, was erhebliche ökonomische Schäden verursachen kann. An veterinärbehördlichen Maßnahmen ist die Sperre von Seuchen- und Kontaktbetrieben notwendig. Folgen von Seuchenausbrüchen können durch Imageverlust, Konsumrückgang, Handelsrestriktionen, Einbußen im Tourismus, Betriebsauflassungen und Erhöhung des Budgetdefizites erhebliche wirtschaftliche Ausmaße annehmen.

Tuberkulose: Eine neue alte Krankheit?

Tuberkulosen sind **ansteckende, chronische Infektionskrankheiten** bei Mensch und Tier, die meist unter Bildung charakteristischer Veränderungen („Tuberkel“ = typische Abszesse) und oft fortschreitend verlaufen. Sie treten bei Menschen und Säugetieren, bei Vögeln und wechselwarmen Wirbeltieren auf. In fortgeschrittenen Stadien führt Tuberkulose zu Abmagerung und Schwäche, früher beim Menschen als „Schwindsucht“ bezeichnet.

Erste Hinweise auf Tuberkulose beim Menschen reichen zurück bis in die Jungsteinzeit sowie ins alte Ägypten. Heute erkranken welt-

Infektionskrankheiten, wie Tuberkulose und Paratuberkulose, werden wechselweise zwischen Wildtieren und Rindern übertragen (hier: Ansteckungsgefahr gemeinsam genutzte Sulze). Fotos: A. Deutz

Hochgradig abgemagerter Hirsch mit Tuberkulose-/Paratuberkuloseverdacht

Foto: U. Büchler

weit jährlich ca. zehn Mio. Menschen an Tuberkulose, in den letzten Jahren mit steigender Tendenz. In der ersten Hälfte des 20. Jahrhunderts kam es in Mitteleuropa zu einer massiven Ausbreitung der Rindertuberkulose mit Durchseuchungsraten in großen Rinderbeständen von bis zu 80 %. Wegen starker Auswirkungen auf die Humangesundheit setzten erste Bekämpfungsmaßnahmen ein und die TBC wurde im Jahr 1912 eine anzeigepflichtige Seuche. Im Jahr 1952 waren 38 % der 11,5 Mio. Rinder Westdeutschlands verseucht und nur 10 % aller Rinderbestände waren tuberkulosefrei. Innerhalb weniger Jahrzehnte gelang in vielen Ländern eine massive Reduktion bis Ausmerzung der Rindertuberkulose mit höchst positiven Auswirkungen auf die Erkrankungsraten beim Menschen. Ging früher in Mitteleuropa die größte Infektionsgefahr für den Menschen von Rindern aus (z. B. über Rohmilch), ist die Rindertuberkulose in Mitteleuropa heutzutage durch erfolgreiche Seuchenbekämpfungsprogramme bis auf seltenste Ausnahmen getilgt.

In Europa konnte in den letzten Jahrzehnten der Erreger der Rindertuberkulose (*M. bovis*) stark zurückgedrängt werden, wodurch viele Länder den Status „amtlich anerkannt frei von Rindertuberkulose" erhielten. Österreichs Rinderbestand erhielt 1999 von der EU diesen Status, was bedeutet, dass mindestens 99,8 % der Bestände und 99,9 % der Rinder dokumentiert TBC-frei sein müssen. Ab Mai 2000 wurde die flächendeckende Untersuchung der Rinder mittels Intrakutantest eingestellt. Die Überwachung der Krankheit erfolgt seit damals im Zuge der Schlachttier- und Fleischuntersuchung. Seit 2008 kam es in einzelnen Gebieten der Bundesländer Tirol und Vorarlberg zu positiven Befunden bei Rindern, die auf Infektionen durch die gemeinsame Nutzung von Weide-/Äsungsflächen durch Rinder und Rotwild und einer diesbezüglichen Übertragung von M. caprae zwischen Rotwild und Rindern zurückgeführt werden. Zur Feststellung der Situation im Rinderbestand werden daher jährlich in diesen Regionen Sonderuntersuchungs- und Sonderüberwachungsgebiete ausgewiesen. In diesen Gebieten werden Rinder vor und nach der Alpungsperiode mittels Tuberkulin-Test (Hauttest) auf Tuberkulose untersucht. Diese Untersuchungen werden regional an die festgestellte epidemiologische Situation angepasst. Im Bekämpfungs- bzw. Seuchengebiet in Tirol und Vorarlberg wurden im Jahr 2021 1.574 Stück Rotwild untersucht und bei 69 Tieren wurde Tuberkulose diagnostiziert. In Vorarlberg wurden in sechs Rinderbetrieben sieben Fälle von Tuberkulose festgestellt (AGES, 2023). Ebenfalls 2021 wurden in Österreich 396 Fälle an Tuberkulose beim Menschen gemeldet, das sind 4,4 Fälle je 100.000 Einwohnern. Darunter wurden je zwei Fälle verursacht durch *M. caprae* und *M. bovis* nachgewiesen.

Bei einer Reihe von wild lebenden Tierarten sind Fälle von Tuberkulose beschrieben. So liegen beispielsweise Befunde von verschiedenen Haarwildarten (Reh-, Rot-, Dam-, Gams- und Schwarzwild, Feldhasen) sowie von Vögeln vor. Grundsätzlich kann Tuberkulose bei allen heimischen Haar- und Federwildarten auftreten.

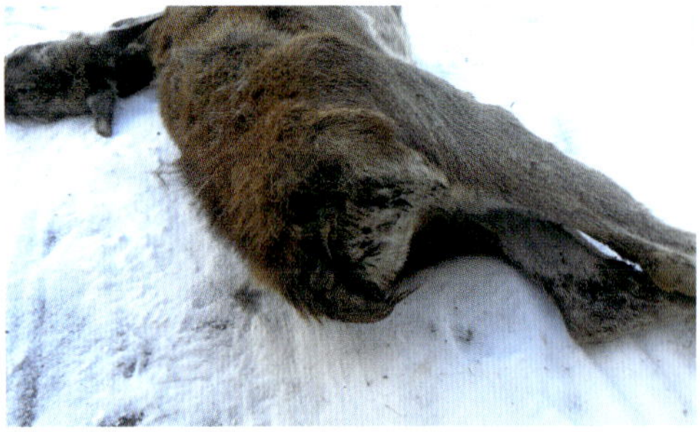

Abgemagertes Alttier mit Tuberkulose-/ Paratuberkuloseverdacht Foto: A. Deutz

In Spanien gibt es aktuell Gebiete, in denen bis rund 70 % des Rotwildes und rund 80 % des Schwarzwildes mit Tuberkulose infiziert sind.

Die **Übertragung** der Tuberkulose erfolgt durch **mit der Äsung aufgenommene oder eingeatmete Mykobakterien**. Als Ansteckungsquelle für Wildtiere galt früher in erster Linie der Kot tuberkulöser Rinder, der entweder die mit dem Lungenschleim aufgehusteten und abgeschluckten oder die bei Darmtuberkulose im Darm befindlichen Erreger enthält. Weitere Infektionsquellen für Wild- und Haustiere sind der Kot und Lungenschleim von tuberkulösem (Haus)-Geflügel und erkrankten Menschen; in Großbritannien, Irland, den Niederlanden und der Schweiz auch der Dachs (in anderen Ländern unzureichend untersucht). Gattertiere sind auch durch Zukauf infizierter Tiere gefährdet. Auch das „Auswildern" von Gatterwild in die freie Wildbahn stellt ein erhebliches Seuchenrisiko dar.

Tuberkuloseerreger sind durch ihren speziellen Zellwandaufbau **sehr widerstandsfähig**. Im Rinderkot bleiben sie bis zwei Wochen, im eingetrockneten Lungenschleim vier Monate und in tuberkulösen Organen bis zu drei Jahre ansteckungsfähig. Stressfaktoren, zu enger Lebensraum, ungünstiges Klima und unzureichende oder zu kohlenhydratreiche Fütterung (chronische Pansenübersäuerung!) sowie fütterungshygienische Mängel (Bodenvorlage) können die Entstehung der Krankheit begünstigen. Eine chronische Pansenübersäuerung steigert den Befall mit Magen-Darmwürmern, diese wiederum setzen kleinste Verletzungen an der Darmschleimhaut und diese Verletzungen erleichtern den Mykobakterien das Eindringen in die Darmwand und damit die Infektion. Nur ein geringer Teil der infizierten Tiere wird im Verlauf der Erkrankung auch zu Ausscheidern („offene Tuberkulose"). Man kann davon ausgehen, dass zumindest Tiere mit klinischen Krankheitszeichen (Durchfall, Husten, Abmagerung, ...) jedenfalls Ausscheider sind.

Bei der Aufnahme der Erreger mit der Äsung können die Halslymphknoten und auch der Darm bzw. die Darmlymphknoten sowie die Leber infiziert werden. Dringen Mykobakterien (z. B. durch Aufbrechen von Abszessen) in die Blut- oder Lymphbahn ein, dann können weitere Organe, wie beispielsweise Milz und Nieren, Gehirn oder Knochen, befallen werden. Bei Aufnahme der Erreger über die Atemluft findet die Erstinfektion (Primärherd) im Rachen oder in den Lungen statt.

Der **klinische Verlauf der Tuberkulose** ist im Anfangsstadium uncharakteristisch und bleibt in Abhängigkeit von der Widerstands-

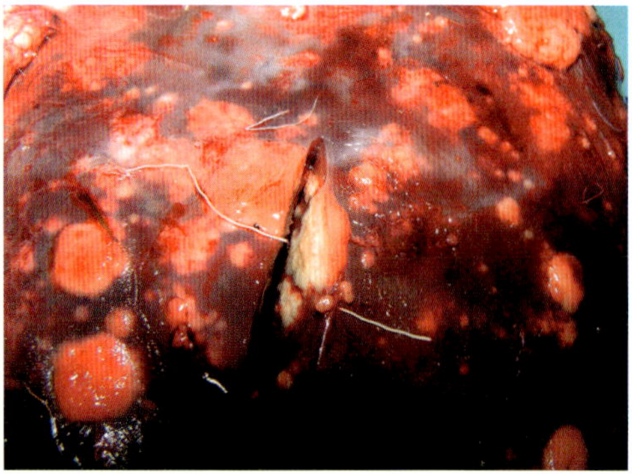

Abszesse sind typisch für Tuberkulose (Leber Rotwild). Foto: A. Deutz

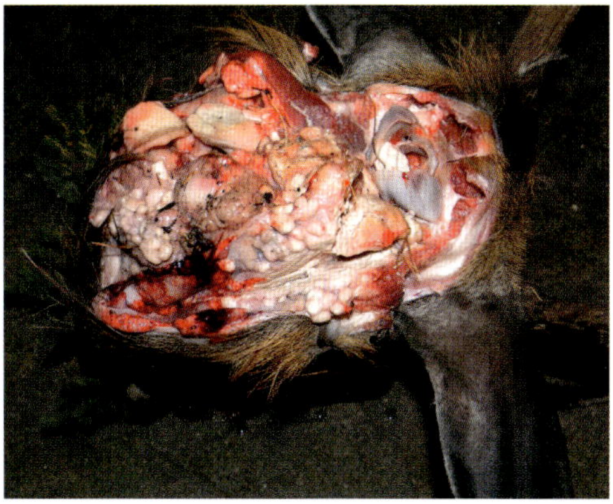

Trägeransatz eines Hirsches mit eitrigen Rachen- und Halslymphknoten Foto: A. Deutz

kraft des befallenen Organismus entweder lokal begrenzt oder breitet sich weiter aus, es kann auch zur Abkapselung und Ausheilung kommen. Je nach erkranktem Organ treten Husten, Röcheln, Atemnot (Lungentuberkulose) oder Durchfall (Darmtuberkulose) auf, später magern die Tiere hochgradig ab. Die Losung ist stinkend und manchmal mit Blut vermischt. Außerdem sind die Tiere matt, nehmen wenig Äsung auf und verfärben schlecht oder zeigen ein struppiges, glanzloses Haarkleid. Es wird auch berichtet, dass kranke Stücke teilnahmslos in Fütterungsbereichen aufgefunden wurden, was auf die hochgradige Schwächung („Schwindsucht"), ähnlich wie bei der Paratuberkulose, zurückzuführen ist.

Man findet beim Aufbrechen bzw. in der Sektion die Rachen-, Darm- oder Lungenlymphknoten vergrößert und verkäst. Lymphknoten können bis faustgroß werden. Von den Innenorganen erkrankt beim Schalenwild häufig die Lunge. Die meist auffällig veränderte Lunge enthält viele kleine oder wenige große tuberkulöse Herde. Aus den Abszessen rinnt meist rahmiger Eiter ab. Von der Lunge kann die Tuberkulose auch auf das Rippenfell übergreifen, wobei dann das Krankheitsbild der sogenannten „Perlsucht" entsteht. Grundsätzlich kann Tuberkulose nahezu in jedem Organ auftreten, auch eine Hauttuberkulose ist möglich.

Vorgeschlagene Maßnahmen bei einem Auftreten von TBC bei Wild- und Haustieren

- Gesprächsbereitschaft und Sachlichkeit bewahren, gegenseitige Schuldzuweisungen zwischen Landwirten und Jägern sind nicht zweckmäßig
- Frühzeitige Anzeige/Meldung bei Seuchenverdacht
- Keine „Vertuschung" von Verdachtsfällen
- Erkennen eines gemeinsamen Zieles (sonst entwickelt sich eine „Zeitbombe")
- Schulungen von Jägern/kundigen Personen im Hinblick auf Krankheitsbilder der TBC
- Untersuchungen von sämtlichen Verdachtsfällen, Querschnitts-Untersuchung
- Abschätzung der regionalen Verbreitung der Tuberkulose („hotspots")
- Seuchensichere Entsorgung von Fallwild und Aufbrüchen bei Verdacht (inklusive Untersuchung!)
- Keine Aufbrüche auf Weideflächen liegen lassen
- Schwerpunktbejagung auf kritischen Nutztier-Weidebereichen (Jagddruck vertreibt Wild von sensiblen Zonen)
- Effiziente Rotwildregulierung bei Verdachtsmomenten (Vorlage, Probennahme!)
- Strenge Fütterungshygiene, keine Bodenvorlage von Futtermitteln
- Reinigungsschnitte im Fütterungsbereich (UV-Licht gelangt zum Boden); Kalken
- Entfernung von Salzlecken, die von Rindern und Rotwild gemeinsam genutzt werden
- Kompostierung („Misthaufen") von Losung und Futterresten aus dem Fütterungsbereich und Ausbringung erst im Herbst oder darauffolgenden Frühjahr
- Schaffung von Äsung, wo Weidevieh nicht

hinkommt, zum Beispiel im Wald, Begrünung von Forststraßen
- Wenn nötig Wald-Weide-Trennung
- Reduktion des Rotwildbestandes (besonders über Kahlwild!)

Paratuberkulose – häufiger als vermutet!

Aus Österreich lagen bis ins Jahr 2002 Berichte über das Auftreten von Paratuberkulose bei Rindern, Schafen und Ziegen und bei Wildtieren aus Gatterhaltung sowie vereinzelt aus freier Wildbahn bei Rotwild vor. Ab dem Jahr 2002 häuften sich Fälle bei Wild in freier Wildbahn. Paratuberkulose ist eine weltweit verbreitete, **ansteckende, chronische Darmerkrankung** besonders der Wiederkäuer, die durch *Mycobacterium avium* subsp. *paratuberculosis* (Kurzform: *M. a. p.* oder *Mycobacterium paratuberculosis*) hervorgerufen wird. Das Wirtsspektrum der Paratuberkulose umfasst außer Haus- und Wildwiederkäuern auch Pferd, Hund, Schwein, Esel, Geflügel, Primaten, Fuchs, Dachs, Großes und Kleines Wiesel, Hasen, Kaninchen, Rabenvögel, Ratten und Waldmäuse, die jedoch in der Regel nicht klinisch erkranken, sondern vor allem als Ausscheider auftreten. Beim Menschen wurde *M. a. p.* bei Morbus Crohn (chronische Darmentzündung) isoliert, ein Zusammenhang zwischen Paratuberkulose und Morbus Crohn konnte aber bislang noch nicht schlüssig bewiesen werden.

Der Erreger wird vorwiegend über Kot/Losung ausgeschieden (bis 100 Mio. Erreger pro Gramm Rinderkot!), die **Infektion** erfolgt vor allem **durch orale Aufnahme der Erreger** mit der Äsung meist schon in den ersten Lebenswochen. Die Infektionsdosis, die zu einer Infektion führt, ist bei jungen Tieren vermutlich sehr gering, zudem kann der Erreger in der Umwelt über ein Jahr überleben. Die Inkubationszeit (Zeitraum von der Infektion bis zum Auftreten von ersten Krankheitserscheinungen) beträgt beim Rind mindestens zwei Jahre, kann sich aber auf bis zu zehn Jahre erstrecken. Bei Wildtieren dürfte nach unseren bisherigen Erfahrungen die Inkubationszeit kürzer sein. Bei den von uns untersuchten Wildtieren waren auch Erkrankungsfälle bei vier- bis sechsmonatigen Kitzen und Kälbern von Reh-, Gams- und Rotwild zu beobachten, was vermutlich auch auf einen hohen Infektionsdruck hindeutet.

Als **Ursachen** für die Häufung klinischer Fälle ab dem Jahre 2002 werden allgemein Fütterungen (Massierung von Tieren), Mängel in der Fütterungshygiene (wie Bodenvorlage von Fut-

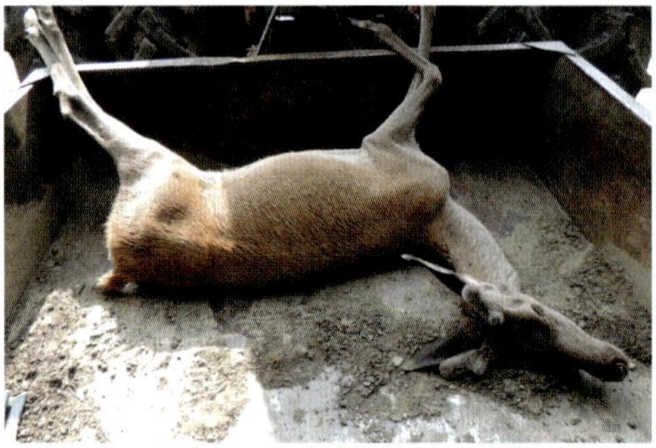

Durchfall tritt bei paratuberkulösem Rotwild nicht immer auf, typisch ist eine rasante Abmagerung innerhalb von zwei bis drei Monaten (rechts zweijähriger Hirsch mit 50 kg Wildbretgewicht).

Fotos: A. Deutz

termitteln), die Rotwildhaltung in Wintergattern und der Zukauf von (Gatter-)Wild sowie die starke Zunahme der Mutterkuhhaltung und Rinderimporte mit einer Anreicherung der Erreger in der Umwelt vermutet. In Mutterkuh- und Fleischrinderzuchtbetrieben stellt Paratuberkulose auch in der Steiermark seit zumindest Anfang der 1990er-Jahre ein klinisches Problem dar.

Folgende Symptome konnten bei erkrankten Tieren festgestellt werden:

- Abmagerung
- Vergrößerte Darmlymphknoten
- Hinweise auf Durchfall (wie Losungsspuren um Weidloch und an den Sprunggelenken) in ca. 15 % der Fälle
- Verzögerter Haarwechsel
- Verspätetes Verfegen
- Abnormer Geruch bei frisch verendeten oder mittels Fangschuss erlegten Tieren
- Lebergranulome (stecknadelkopfgroße Abszesse)
- Lungenveränderungen (Granulome)
- Bauchwassersucht

Die für das Rind typische hochgradige („hirnwindungsähnliche") Verdickung und Faltenbildung der Darmwand ist bei Wildtieren nicht oder nur in geringgradiger Ausprägung zu beobachten.

In einem Fall wurde bei Rotwild beobachtet, dass gesunde Tiere einem erkrankten Stück möglicherweise wegen des abnormen Geruches drei Tage lang auswichen. Es war auch festzustellen, dass Jagdhunde den näheren Kontakt zu erlegten oder verendeten kranken Stücken weitgehend mieden.

Ähnliche Krankheitsbilder treten bei Abmagerung infolge anderer Ursachen (Endoparasitose, hohes Alter, andere Infektionskrankheiten, verwaiste Kälber und Kitze) und anderen Durchfallursachen (Parasitosen, Fütterungsfehler, Frühjahrs- und Herbstäsung, Darmentzündungen infolge anderer Ursachen) auf.

In mehreren Gebieten mit Paratuberkulose-Problemen bei Rindern konnten wir die Erkrankung auch bei abgemagertem Reh- und Rotwild nachweisen. Daraufhin wurden Erregerstämme von Haus- und Wildtieren genetisch verglichen und dabei in drei Regionen der Steiermark drei unterschiedliche Stämme jeweils bei Haus- und Wildtieren festgestellt, die die gegenseitige Übertragbarkeit der Paratuberkulose untermauern.

Vorbeuge- und Bekämpfungsmaßnahmen

Bei der Bekämpfung von Paratuberkulose muss die hohe Überlebensfähigkeit des Erregers in der Umwelt und auch die intrauterine Über-

Bei Rindern, Schafen, Ziegen und Farmwild ist ein Verdacht auf Paratuberkulose anzeigepflichtig.

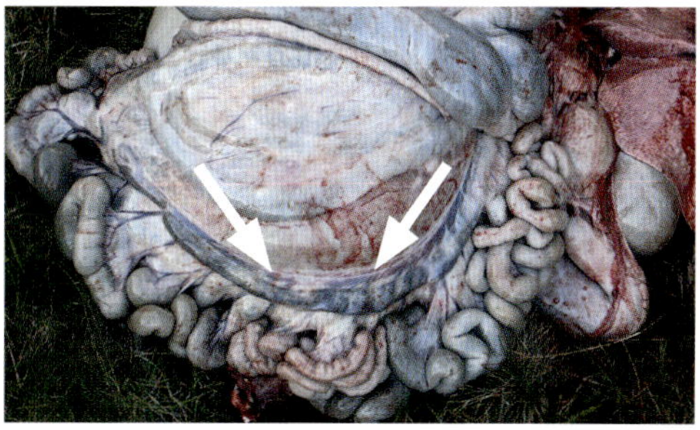

Typisch für Paratuberkulose sind deutlich vergrößerte Darmlymphknoten.

Fotos: A. Deutz

Innerhalb von Rotwildpopulationen kann sich Tuberkulose und Paratuberkulose besonders im Bereich von Fütterungen rasch ausbreiten – nicht zuletzt deshalb ist eine Bodenvorlage von Futtermitteln zu vermeiden. *Fotos: A. Deutz, D. Dachs*

tragung (Infektion noch Ungeborener) beachtet werden. Der Erreger kann bis ein Jahr auf Äsungs-/Weideflächen infektionsfähig bleiben und damit auch den Winter überdauern. Insgesamt begünstigen niedrige Temperaturen, Feuchtigkeit und fehlende Sonneneinstrahlung das Überleben des Erregers.

1. **Fütterungshygienische Maßnahmen:** Möglichst zu vermeiden ist die Bodenvorlage von Futtermitteln zur Verhinderung der Kontamination des Futters mit Losung und Krankheitserregern. Zusätzliche Maßnahmen sind das mehrmalige Entfernen der Losung aus dem Fütterungsbereich während der Fütterungsperiode und Kalken des Fütterungsbereiches nach der Fütterungsperiode, Reinigungsschnitte im Fütterungsbereich mit Entfernung des Mähgutes (UV-Licht gelangt bis zum Boden und kann Erreger abtöten).
2. **Jagdliche Maßnahmen:** Der Abschuss und die Untersuchung aller krankheitsverdächtigen Stücke (zu jeder Jahreszeit, natürlich Kitze und Kälber von erkrankten Muttertieren), die regionale Reduktion von Wildbeständen nach Häufung von Krankheitsfällen und eine möglichst frühzeitige Abschusserfüllung mit reduziertem Jagddruck (bei hohem Jagddruck könnten infizierte Stücke in noch nicht verseuchte Gebiete abwandern!) sind konkrete jagdliche Maßnahmen zur Senkung des Infektionsdruckes. Eine Anpassung der Wildbestände an den jeweiligen Lebensraum, lebensraumverbessernde Maßnahmen, die eine Massierung von Wild verhindern, und erhöhter Jagddruck im Bereich von kontaminierten Weidegebieten/Äsungsflächen (Lenkungseffekt!), wo andere, nicht untersuchte Rinder aus Paratuberkulose-positiven Betrieben aufgetrieben werden, sind zusätzlich sinnvoll. Das Auswildern von Gehegewild in freie Wildbahn ist nicht nur illegal, sondern birgt auch ein erhebliches Risiko der Verbreitung von Paratuberkulose.
3. **Weitere Maßnahmen:** Kranke und krankheitsverdächtige Tiere und Aufbrüche müssen seuchensicher entsorgt werden, wenn möglich über die Tierkörperentsorgung (TKV) oder zum Beispiel mittels Einsteinen. Kadaver bzw. Aufbrüche verdächtiger Stücke dürfen keinesfalls auf Weide- bzw. Äsungsflächen verbleiben. Die Abklärung sämtlicher Verdachtsfälle und ein flächendeckendes Paratuberkulose-Monitoring unter Einbindung unverdächtiger Stücke könnten in ein Informationssystem über Wildtierkrankheiten einfließen.

Seit dem Jahr 2006 ist die Paratuberkulose bei Rindern, Schafen, Ziegen und bei Farmwild in Österreich eine **anzeigepflichtige Tierseuche**. Verdächtige Tiere werden untersucht und müssen bei Bestätigung des Verdachtes getötet werden. Bestandsuntersuchungen in verdächtigen Betrieben sind derzeit nicht vorgesehen, auch deshalb, weil der Nachweis von Paratuberkulose bei Rindern von unter zwei Jahren sehr schwierig ist. Vermutlich nicht zuletzt durch diese Anzeigepflicht bei Nutztieren und die Ausmerzung (Tötung) vieler infizierter Nutztiere (Ausscheider) gingen die Fälle bei Schalenwild zurück.

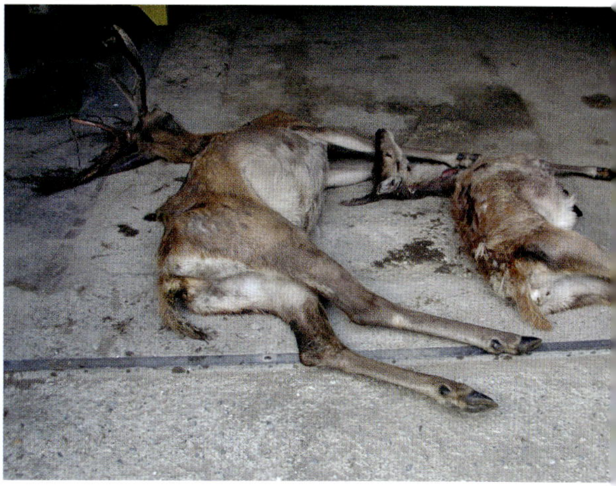

Paratuberkulose bei vierjährigem Rothirsch (Wildbretgewicht 55 kg) und einem Schmaltier (Wildbretgewicht 22 kg), erlegt am 27. August 2002 (teilweise noch im Winterhaar!). Foto: A. Deutz

Resümee

Falls in einem Gebiet beim Rotwild übertragbare Infektionskrankheiten auftreten, wird es über die alleinige Wildstandsreduktion nur in Ausnahmefällen gelingen, ein Infektionsgeschehen zum Erlöschen zu bringen. Abhängig von der Topografie, der Wildverteilung und vom Raum-Zeit-Verhalten des Rotwildes müssen zusätzlich Überlegungen in Richtung Fütterungspraxis (Fütterungsbeginn, weniger attraktive Futtermittel, Dezentralisierung von Fütterungsstandorten, Fütterungshygiene usw.) sowie einer laufenden Überwachung der Wildtiergesundheit (Monitoring, Stichproben) angestrengt werden.

Nicht nur in Westösterreich, sondern in einigen Teilen Europas ist Tuberkulose bei Wild- und Haustieren wieder ein aktuelles Thema. Um eine weitere Ausbreitung zu unterbinden bzw. die TBC einzudämmen, ist es dringend erforderlich, Jäger und kundige Personen nachdrücklich auf die Möglichkeit des Vorkommens von Tuberkulose bei jagdbarem Wild aufmerksam zu machen. Es besteht auch bei Wildtieren Anzeigepflicht, und Verdachtsfälle müssen abgeklärt werden. Ein Missachten, Ignorieren oder „Verstecken" des Problems hilft nichts und ist sogar riskant, bedenke man nur die massiven Übertragungsmöglichkeiten an Fütterungsstandorten. Ein hohes Risiko bergen jedenfalls Auswilderungsaktionen zur „Blutauffrischung" oder wozu auch immer. Gegenseitige Schuldzuweisungen zwischen Landwirten und Jägern sind kontraproduktiv und eine Zusammenarbeit mit den Behörden darf eingefordert werden.

Steckbrief Tuberkulose

Tuberkulosen sind ansteckende, chronische Infektionskrankheiten durch verschiedene Stämme von Mykobakterien, die meist unter Bildung charakteristischer Veränderungen („Tuberkel" = Abszesse) oft fortschreitend und generalisierend verlaufen.

Empfänglich sind Menschen, Säugetieren, Vögeln und wechselwarme Wirbeltiere.

Human: Die Tuberkulose (TBC, „Schwindsucht") ist die weltweit häufigste tödlich verlaufende Infektionskrankheit beim Menschen. Nach Schätzungen der WHO sind mehr als ein Drittel der Weltbevölkerung mit Tuberkulose infiziert, wobei die Krankheit nur bei einem Bruchteil der Infizierten klinisch ausbricht. Jährlich sterben rund 1,6 Mio. Menschen daran, rund 9 Mio. Menschen erkranken jährlich neu.

Erreger: Häufigster Erreger von Tuberkulose des Menschen ist *Mycobacterium (M.) tuberculosis*. Für Mykobakterien, die vom Tier auf den Menschen übertragen werden können, wie z. B. *M. bovis* und *M. caprae* sind Rinder, Wildschweine, Ziegen oder Wildwiederkäuer (vor allem Rotwild) das Erregerreservoir.

Übertragung: Sie erfolgt durch eingeatmete oder mit Nahrung/Äsung/Futter aufgenommene Erreger.

Klinischer Verlauf: Im Anfangsstadium uncharakteristisch, je nach erkranktem Organ treten beispielsweise Husten, Röcheln, Atemnot (Lungentuberkulose) oder Durchfall (Darmtuberkulose) auf. Daneben sind die Tiere matt, nehmen wenig Äsung/Futter auf, zeigen ein struppiges, glanzloses Haarkleid, und der Haarwechsel ist verzögert. In fortgeschrittenen Stadien führt Tuberkulose zu hochgradiger Abmagerung und Schwäche.

Sektionsbild: Es sind weißlich-gelbe Entzündungsherde mit Abszessen vorwiegend in Lymphknoten, Lunge, Leber, Milz und Darm sowie an Brust- und Bauchfell zu erkennen. Besonders beim Vorliegen knotiger Veränderungen (Abszesse) in Organen und bei abgemagerten Stücken ist an Tuberkulose zu denken, diagnostische Schritte können aufklären und weiteren Schaden minimieren!

Inaktivierung: Das Bakterium kann mittels Pasteurisierung (kurzzeitiges Erhitzen auf 72 °C) inaktiviert werden; gegen Austrocknung oder Kälte ist es allerdings unempfindlich.

Diagnostik: Bei Rindern im Zuge der Schlachttier- und Fleischuntersuchung sowie über einen Hauttest mit Tuberkulin, ev. ergänzend mit Bluttest (g-Interferontest). Eine direkte Untersuchung von Gewebeproben mittels PCR ermöglicht eine rasche Diagnose, auch bei Rotwildproben, zusätzlich ist eine bakteriologische Untersuchung (Bakterienkultur) möglich.

Linktipp: Ein sehr übersichtliches Handbuch „Tuberkulose beim Wild" aus der Schweiz kann kostenfrei unter folgendem Link heruntergeladen werden:
https://www.bundespublikationen.admin.ch/cshop_mimes_bbl/2C/2C59E545D7371EE48BEA927B126A2CE5.pdf

Zur Fortpflanzungsbiologie des Rotwildes

Zuwachsraten

Anteil beschlagener Schmaltiere

Lebensraumfaktoren und Zuwachs

Alle Hirschartigen haben **jährlich eine Brunftperiode**. Bei amerikanischen Trughirschen und beim Rehbock wurde noch eine zweite Periode der Hodenaktivität im Frühjahr festgestellt (Bubenik, 1984). Die Weibchen (Ausnahme Reh) haben mehrmals hintereinander in rund dreiwöchigen Perioden einen Eisprung, solange sie nicht erfolgreich beschlagen werden. Dies währt, bis sie befruchtet sind oder der Zyklus spätestens durch die Tag-Nacht-Gleiche im März eingestellt wird. Mit Ausnahme der Rehgeiß (Keimruhe) brunften die Hirscharten der nördlichen Breitengrade im Herbst. Die Zeugungsfähigkeit der männlichen Tiere scheint deutlich geringer zu sein als die der Hornträger. In ihrem Sozialverhalten zeigen sich Neu- und Altwelt-Hirsche anpassungsfähig, je nachdem, ob sie in einer offenen oder in einer dicht bewachsenen Umwelt leben. Rehe brunften paarweise (Serien-Monogamie), Rot- und Damhirsche „polygam" mit mehreren Weibchen in Brunftrudeln.

Auf eine Verbesserung der Lebensbedingungen reagieren die Hirschartigen rasch mit stärkerer Wuchs- und Überlebenskraft. Ihr Zuwachsverhalten wird nach Bubenik (1984) durch externe Einflüsse bestimmt. Im Zuge der Selbstregulation kommt es zu einer vermehrten Sterblichkeit nach der Geburt, gesteigerten Krankheitsanfälligkeit vor allem der Jungtiere und der Ausbildung kleinerer, somit auch stoffwechselintensiverer Wuchstypen. Neuwelt-Hirsche neigen zu Mehrlingsgeburten, die bei Altwelt-Hirschen nur selten vorkommen.

Bei männlichem und weiblichem Rotwild muss zwischen Geschlechts- und „Zuchtreife" unterschieden werden, da zum Beispiel männliche Rothirsche in Populationen mit „artgerechter" Altersklassenzusammensetzung frühestens mit vier Jahren aktiv am Brunftgeschehen teilnehmen, wesentlich früher aber zeugungsfähig wären.

Der **Brunftzeitpunkt** wird bei allen Hirscharten in nichtäquatorialen Lebensräumen **durch die Tageslichtlänge gesteuert**. So findet beispielsweise die Brunft des Damwildes in Europa im Oktober/November statt und auf der Südhemisphäre im April/Mai. Über die photoperiodische Steuerung und die zentrale Bedeutung des Melatonins, das die Zielzellen im Gehirn und die Hormonbildung auch bei Hirschen beeinflusst, berichtet Lincoln (1998). Mikroimplantate von Melatonin rufen bei Schafen Kurz-Tag-Reaktionen analog wie während der Winterperiode hervor.

Das Hodengewicht unterliegt starken jahreszeitlichen Schwankungen, was deutlich die Unterschiede in der Geschlechtsaktivität und im Hormonstatus widerspiegelt. Beim über vierjährigen Rothirsch wiegt ein Hoden im Mai 16–20 g und erreicht bis zur Brunft das sechsfache (115–125 g) Gewicht.

Aus Schottland und Neuseeland ist bekannt, dass bereits Rotwildkälber erfolgreich beschlagen worden sind und dann im Alter von zwölf Monaten ihr erstes Kalb setzten. Als Ursachen dafür werden in Schottland Aufforstungen in klimatisch günstigen Niederungsgebieten angeführt, aus denen für das Rotwild neue, von dieser Wildart bis dahin nicht genutzte Lebensräume („Gründereffekt") entstanden sind (Schmidt, 1998). Im schottischen Hochland dagegen werden Rottiere infolge der deutlich ungünstigeren Lebensbedingungen und der damit verbundenen langsameren körperlichen Entwicklung meist erst im dritten Lebensjahr erstmals beschlagen.

Wenn auch das Rottier pro Jahr nur ein Kalb setzt, können sich Bestände durch verschiedene Faktoren (Geschlechterverhältnis, Abschusserfüllung, Anteil beschlagener Schmaltiere, Lebensraum, Fütterung usw.) bereits in wenigen Jahren deutlich steigern.

Foto: S. Pirker

Zuwachsraten

Heute wird der **jagdlich nutzbare** (= effektive) **Zuwachs** beim Rotwild meist mit **80 bis 85 %**, gelegentlich auch mit 90 % der Alttiere angenommen oder für Abschussplanungen herangezogen. Vergleicht man diese Zahlen aber mit Studien, welche sich vor allem zwischen den 1950er- und den frühen 1970er-Jahren mit Rotwild auseinandersetzten, fällt auf, dass damals, von Ausnahmen abgesehen, die Zuwachsraten durchschnittlich deutlich tiefer angesetzt wurden. So finden sich vorrangig Werte, welche sich zwischen 55 und 70 % bewegen. Wurde der jährliche Zuwachs einfach unterschätzt oder erhöhten menschliche Maßnahmen, wie beispielsweise die Intensivierung der Fütterung, die Reproduktionsraten? Sicherlich gilt es auch die zu damaliger Zeit regional noch höheren Winterfallwildraten zu berücksichtigen. So verendeten beispielsweise in der Region um Donnersbachwald zwischen 1950 bis Mitte der 1960er-Jahre 100–200 Stück Rotwild jährlich, was sicherlich auch die durchschnittlichen effektiven Zuwachsraten nach unten drückte. Zu dieser Zeit wurde in jenem Gebiet aufgrund der hohen Fallwildverluste ein Zuwachs von 60–70 % angenommen, welcher heute höher liegt.

WICHTIG **Dichteabhängigkeit**

Grundsätzlich sollten beim Rotwild, wie bei zahlreichen anderen Wildarten, die Zuwachsraten dichteabhängig sein, was bedeutet: Je niedriger die Dichte, desto höher im Verhältnis die Zuwachsraten, bedingt durch bessere Umweltbedingungen, welche starke Kälber und Schmaltiere in guter Kondition mit sich bringen.

Tiere in guter Kondition setzen in den meisten Fällen auch etwas früher und verschaffen so den Kälbern bis zum Winter hin bessere Überlebenschancen. Umgekehrt würde dies bedeuten: **Je höher die Dichte, umso höher die Jugendsterblichkeit** und desto höher das durchschnittliche Alter der Tiere beim ersten Kalb bis hin zu einer erhöhten Sterblichkeit bei älteren Tieren. In Zusammenhang mit strengen Wintern oder grundsätzlich schlechtem Nahrungsangebot wären es diese Faktoren, welche verstärkt auf Populationen wirken. Beim Rotwild ist jedoch noch ein weiterer Faktor zu berücksichtigen. Auch wenn häufig ranghohe Tiere Hirschkälber setzen, werden **bei hohen Wilddichten** in Summe **vermehrt Wildkälber** gesetzt, da dies vermutlich weniger Energieaufwand für das Muttertier bedeutet als ein schwereres Hirschkalb. Was das allerdings in weiterer Folge bedeuten kann, bedarf keiner allzu großen Rechenkünste: der Zuwachs kann trotz schlechterer Umweltbedingungen anfangs noch weiter ansteigen.

Durchschnittliche Winter überlebt das Rotwild heute meist ohne Probleme. Foto: A. Deutz

Anteil beschlagener Schmaltiere

Strenge Winter stellen heute für das Rotwild durch die Fütterung fast flächendeckend keine allzu großen Probleme mehr dar, wodurch dichteabhängige Faktoren vermindert werden. Ein Beispiel soll dies verdeutlichen: Im Rahmen einer größeren Studie vor rund 70 Jahren, bei der über 1.700 Schmaltiere untersucht wurden, schwankte der Anteil an beschlagenen Stücken zwischen 31 und 63 %, vor allem abhängig von der Höhenlage, mit der Tendenz, in den höchstgelegenen Gebieten fast in Richtung Null zu gehen. Jüngere Studien zeigen, dass heute bis um 85 % der Schmaltiere bereits beschlagen sein können, wenngleich in höheren Lagen der Anteil beschlagener Schmaltiere durchschnittlich etwas tiefer liegen dürfte. Interessant ist auch die **Schwankungsbreite**, welche von Jahr zu Jahr auftreten kann. So berichtet eine Studie, dass die Anzahl der beschlagenen Schmaltiere von einem Jahr auf das andere von 16 auf 61 % und bei den zweijährigen Tieren von 61 auf 100 % anstieg, wofür größtenteils Lebensraumbedingungen, wie Äsungsangebot und Witterung, verantwortlich sein dürften.

Lebensraumfaktoren und Zuwachs

Lebensraumfaktoren beeinflussen maßgeblich die Wilddichte. Ausfälle unter den Kälbern in den ersten Lebenswochen sind in unseren Breiten durch Beutegreifer wie Steinadler und Fuchs sowie Witterungsextreme bedingt. Zu denken geben sollte die Tatsache, dass für ursprüngliche und halbkultivierte Gebiete, größtenteils in Osteuropa, meist geringere Vermehrungsraten angegeben werden. Auch die Zahlen großgezogener Kälber je Muttertier variieren in solchen Gebieten stärker und schwanken von 13 großgezogenen Kälbern bis zu lediglich einzelnen Kälbern pro Tier. Größtenteils bedingt durch die Fütterung setzen die meisten Tiere in unseren Breiten nunmehr alljährlich ein Kalb – mit allen Konsequenzen für das Muttertier und den Lebensraum. Unterschätzt werden sollten keinesfalls auch **Einflüsse der Jagd** auf die Populationsdynamik, natürlich immer in Abhängigkeit von den Zielsetzungen. In Gebieten, in welchen die Jagd eingestellt wurde, konnten zum Teil über 30 Jahre lang Veränderungen in der Altersstruktur, den Zuwachsraten und der Wildverteilung beobachtet werden. Bei einer Zunahme der Dichte berichten zahlreiche Studien auch von einer verstärkten Trennung der Geschlechter. Interessanterweise nahmen dabei allerdings nicht die Rudelgrößen zu, sondern die Anzahl der Rudel. Rotwild fühlt sich in größeren Rudelverbänden wohler, die Rudelgröße wird in erster Linie aber durch die Ungestörtheit der Lebensräume, Deckungsmöglichkeiten, gute und ausreichende Äsung sowie die Sozial- und Altersstruktur innerhalb der Verbände bestimmt.

Rotwildfütterung

Einen kurzen Einblick in das Thema Rotwildfütterung, von Pro und Contra über Standort- und Futtermittelwahl bis zur „Wiederkäuergerechtigkeit" von Futtermitteln, soll folgende Übersicht bieten. Denn die Fütterung und allfällige Fütterungsfehler beeinflussen den Gesundheitszustand, die Populationsdynamik, die Raumnutzung und die Bejagbarkeit des Rotwildes und damit in erheblichem Ausmaß die Erfüllbarkeit der Abschusspläne, die Lebensraum-Beanspruchung und das Wildschadensrisiko.

Ausgangssituation

Grundsätzliche Rahmenbedingungen

Fütterung – Pro und Contra

Standortwahl von Fütterungen

Fütterung und Wildstand

Futterabhängigkeit

Futterbedarf und Futtermittel

Extensivierung der Fütterung

Drei-Phasen-Fütterung

Fütterung – Chance oder Risiko für den Wald?

Ausgangssituation

Die Tragfähigkeit von Lebensräumen für Rotwild wird vom Menschen umso höher eingestuft, je geringer die menschlichen (Nutzungs-)Ansprüche an denselben Lebensraum sind. Mit zunehmender Intensivierung der Landschaftsnutzung wird die Konkurrenz seitens der größten heimischen Pflanzenfresser immer kritischer eingestuft (sinkende schadensabhängige „Tragfähigkeit"). Das kritische jahreszeitliche Nadelöhr stellt der Winter dar, vor allem der Spätwinter, wenn bereits vor Beginn der Vegetationszeit der Energiebedarf des Rotwildes wieder markant ansteigt.

Die menschliche Nutzung der Naturräume hat erheblichen Einfluss auf das Verhalten des Rotwildes und die schadensabhängige Tragfähigkeit der Lebensräume. Foto: A. Deutz

WICHTIG **Abdrängung in den Wald**

Je stärker die menschliche Inanspruchnahme von Flächen außerhalb des Waldes ist, desto intensiver wird die Inanspruchnahme des Waldes durch das Rotwild ausfallen – und damit das Schadensrisiko für die Waldbestände entsprechend ansteigen.

„Harter", aber gelenkter Wintertourismus (hohe Personenanzahl konzentriert auf kleinen Flächen, z. B. Schipisten, Langlaufloipen) ist wildökologisch wesentlich vorteilhafter einzustufen als „sanfter" Wintertourismus (dezentral verteilt, auch wenn die Personenanzahl und die Frequenz geringer sind, z. B. Schitourengeher, Schneeschuhwanderer), weil dann der Anteil störungsfreier Flächen für das Rotwild – und diese sind das Maß für die Tragfähigkeit des Überwinterungsgebietes – wesentlich geringer ausfällt.

Vom Prinzip her stehen zwei unterschiedliche Überwinterungskonzepte alternativ zur Verfügung, die je nach Ausgangslage und Zielsetzung sinnvoll sein können:

- Entweder Rotwild möglichst **dezentral** zu überwintern (und damit in lokal jeweils eher geringerer Dichte) – das erfordert ausreichend große, störungsarme Einstandsgebiete, die allerdings im Tourismusland Österreich bereits Mangelware geworden sind. Steht Naturäsung in solchen winterlich vom Rotwild durchgehend nutzbaren Einstandsbereichen auf größerer Fläche ausreichend zur Verfügung, ist dafür Sorge zu tragen, dass diese Bereiche möglichst störungsfrei vom Wild entsprechend dezentral genutzt werden können (und dass das Wild keinesfalls durch attraktive Futtermittel irgendwo konzentriert wird – ergänzend allenfalls stark dezentrale Heuvorlage).
- Oder das Rotwild lässt sich an forstlich wenig problematische Standorte lenken und dort außerhalb der Vegetationszeit durchgehend **in ungestörten Einstandsgebieten bündeln**. Wenn zum Beispiel die Naturäsung für die vorhandene Stückzahl unzureichend oder störungsbedingt nicht erreichbar ist, lässt sich Rotwild am ehesten mit geschmacklich attraktiven Futtermitteln (z. B. Gras- und/oder Maissilage) an Standorten mit geringerem Äsungsangebot auf relativ kleinem Raum konzentrieren. Das ist dann sinnvoll, wenn damit ein größeres Einzugsgebiet vom Rotwild erfolgreich entlastet werden kann und wenn diese Standorte über einen längeren Zeitraum (20 bis 30 Jahre) keinen Verjüngungsbedarf aufweisen.

Grundsätzliche Rahmenbedingungen

Bevor man sich für eine winterliche Futtervorlage für Rotwild entschließt, sind eine eingehende **Prüfung der möglichen Vor- und Nachteile** vorzunehmen und die jeweiligen **landesgesetzlichen Rahmenbedingungen** zu berücksichtigen.

Bei einer Entscheidung zugunsten der Fütterung ist verlässliche Vorsorge zu treffen, dass über die gesamte Fütterungsperiode hinweg für alle zuziehenden Stücke eine konsequente (ununterbrochene) Sättigungsfütterung gewährleistet werden kann. Eine Voraussetzung dafür ist eine gute Erreichbarkeit der Fütterung auch in strengen Wintern mit hohen Schneelagen oder Schneeverwehungen. Des Weiteren ist sicherzustellen, dass die in der Folge höheren Abschuss-Erfordernisse tatsächlich bewältigt werden können. Ansonsten hat die Futtervor-

Bei gefütterten Beständen ist sicherzustellen, dass die in der Folge höheren Abschuss-Erfordernisse auch tatsächlich bewältigt werden können. Foto: A. Deutz

lage eine (regionale) Zunahme der Wilddichte zur Folge und steigert somit die Wildschadensgefahr und/oder das Krankheitsrisiko.

Die **Zunahme eines gefütterten Rotwildbestandes** ergibt sich hauptsächlich **aus geringeren Winterverlusten** (besonders bei Kälbern!) und der Tatsache, dass es in gefütterten Beständen deutlich **weniger übergangene Schmaltiere** gibt, weil gut versorgte Wildkälber zu stärkeren Schmaltieren werden und diese in ihrer ersten Brunft schon mit hoher Wahrscheinlichkeit erfolgreich beschlagen werden. Schmaltiere werden dann mit hoher Wahrscheinlichkeit beschlagen, wenn sie rund 75 % ihres Endgewichtes erreicht haben. Ebenso führen selbst im alpinen Raum nahezu alle Alttiere alljährlich ein Kalb, ohne zwischendurch einzelne Jahre „auszusetzen" wie in ungefütterten Beständen. Wie aber beispielsweise aus Liechtenstein, Graubünden, den Nockbergen oder den Donauauen bekannt, können in günstigen Lebensräumen ähnliche Zuwachsraten wie in gefütterten alpinen Rotwildpopulationen zu erwarten sein. Im Alpenraum wird zukünftig interessant, ob sich zusätzlich der Klimawandel auf die Populationsdynamik von Rotwild auswirken wird.

Fütterung – Pro und Contra

Das Thema „Wildfütterung" ist wie so viele andere Themen in der Jagd ein häufig emotional und hitzig diskutiertes Thema.

Als **Begründungen und Motive für eine Winterfütterung** von Rotwild werden unter anderem diskutiert:

- Vermeidung von Tierleid
- Verringerung der Fallwildverluste
- Verbesserung der Widerstandsfähigkeit und Stärke des Wildes
- Ersatz für verloren gegangene Winterlebensräume (durch menschliche Störeinflüsse, Siedlungswachstum, Unterbindung traditioneller Wechsel in Überwinterungsgebiete)
- Verringerung von Wildschäden („was an der Fütterung aufgenommen wird, wird nicht von Wald oder Feld weggeäst")

- Räumliche Lenkung auch durch bessere Beobachtbarkeit des Wildes (bessere Schätzung der Wildbestandshöhe, bessere Kenntnisse über Geweihform, Geweihentwicklung und Alter von Hirschen – für eine konsequentere Schonung der Mittelklasse)
- Weiterführung regionaler hegerischer Gewohnheiten

Die räumliche Lenkung des Wildes, wie das Ablenken von besonders gefährdeten Kulturen, sollte jedoch nicht rein revieregoistisch betrieben werden. Um Rotwild in der Kulturlandschaft in bejagbaren Dichten halten zu können, scheint in vielen Gebieten im Winterhalbjahr eine Wildlenkung mittels Winterfütterung erforderlich zu sein; eine Mindestdichte ist auch für das in Rudelverbänden und stark sozialisiert lebende Rotwild aus wildbiologischen Gründen notwendig. Bei gefüttertem Rotwild baut sich innerhalb weniger Jahre eine starke „Futtertradition“ auf, die zwar für die Lenkung des Wildes Vorteile hat, spätestens aber bei Auflösung oder bei Extensivierung von Fütterungen auch Grund für massive Schäden rund um „gewohnte“ Fütterungsstandorte sein kann.

Als **Argumente gegen die Fütterung von Wildtieren** werden von unterschiedlichen Seiten genannt:

- Künstlicher menschlicher Eingriff in die Lebensgemeinschaft
- Ausschalten der natürlichen Selektion
- Erhaltung einer vermehrten Anzahl schwacher Tiere
- Einbringen regionsfremder Futtermittel in das Ökosystem (z. B. Sesam, Soja)
- Abhängigmachen des Wildes vom Menschen
- Erhöhtes Infektionsrisiko durch Wild- und Losungskonzentration an der Fütterung
- Auslösung von Wildschäden
- Fütterung als Revier-Egoismus
- Streben nach Trophäenmaximierung oder höheren Jagdstrecken
- Erschwerte Bejagbarkeit bei frühzeitigem Fütterungsbeginn
- Bejagung im Bereich von Fütterungen oder Fütterungseinständen
- Künstliches „Anbinden“ von Wild in ungünstigen Winterlebensräumen
- Risiko für die Lebensmittelsicherheit des Wildbrets (Fütterungsfehler, verdorbene oder verbotene Futtermittel)
- Image-Nachteil im Hinblick auf die Vermarktung von „heimischem Wildbret“ (Importfuttermittel, gentechnisch veränderte Futtermittel)
- Ethische Problematik, wenn Futtermittel verwendet werden, die in Entwicklungsländern Grundnahrungsmittel für die Bevölkerung darstellen

Es gibt eine Reihe von Argumenten sowohl für als auch gegen die Fütterung von Rotwild. Fotos: S. Pirker

Fütterungsbedingte Krankheiten (Pansenübersäuerung, Leber- und Nierenschäden usw.) treten nicht nur bei Rehen, sondern auch bei Rotwild auf. Sind die Fütterungsfehler gravierend, so können sie sogar an der Geweihentwicklung ersichtlich werden. Die Vorlage von Futtermitteln ohne ausreichend strukturwirksame Rohfaser steigert zudem die Verbiss- bzw. Schälgefahr. Fütterungsmaßnahmen, die lediglich der Aufhege von Beständen oder dem primären Ziel der Erreichung möglichst kapitaler Trophäen dienen sollen, werden zukünftig keine Akzeptanz mehr finden.

Onderscheka meinte dazu bereits 1984: *„Ziel und Zweck von Fütterungsmaßnahmen beim Rotwild, die ausnahmslos auf den Winter beschränkt bleiben müssen und lediglich einen bescheidenen Ersatz für durch den Menschen verloren gegangene Winteräsung darstellt, darf allerdings nur die Gesunderhaltung des Wildbestandes bei gleichzeitig möglichst weitgehender Verhinderung von Wildschäden sein. Fütterungsmaßnahmen, deren angestrebtes Ziel primär auf die Verbesserung der Trophäenqualität oder die Vermehrung des Wildbestandes ausgerichtet ist, widersprechen den Naturgesetzen und sind ebenso abzulehnen wie jedes ausschließlich nach einseitigen und völlig missverstandenen ökologischen Gesichtspunkten ausgesprochene Fütterungsverbot."*

Diese oben angeführten Pro- und Contra-Argumente werden auch oft vermischt, vertauscht oder gegensätzlich verwendet.

Standortwahl von Fütterungen

Der Standort einer Fütterung bedarf nicht nur Akzeptanz durch das Wild, sondern hat auch Auswirkungen auf Wildbestand und Lebensraum – kann also auch wildschadensauslösend oder krankheitsfördernd wirken. Generelle **Standortfaktoren** für Rotwildfütterungen sind:

- Ruhe und Einstand
- Übersicht für das Wild an der Fütterung
- Ausreichend Platz und Fütterungseinrichtungen (alle Tiere sollten zugleich Futter aufnehmen können)
- Trockener Boden
- Sonne und Wasser
- Schutz vor Wind und Lawinen
- Erreichbarkeit
- Vorhandensein natürlicher Beiäsung

Da die Standortfaktoren sich über die Zeit ändern, kann es dazu kommen, dass ein ehemals gut geeigneter Standort mittlerweile ungeeignet geworden ist. Vor allem bei Rotwildfütterungen ist ein **großflächig koordiniertes Vorgehen** bei der Standortswahl sowie bei geplanten Auflösungen sehr wichtig. Das ist in manchen Bundesländern auch im Jagdgesetz verankert (wildökologische Raumplanung).

Dabei kommt dem Aspekt der **Wildschadensvermeidung** zentrale Bedeutung zu. Um die Risiken für untragbare Wildschäden gering zu halten, ist ein ausreichender Abstand von verjüngungsnotwendigen Waldbeständen, von ungesicherten Verjüngungen und von schälanfälligen Beständen empfehlenswert. Besonders schälanfällig sind in Bergrevieren äsungsarme, fichtendominierte Dickungen und Stangenhölzer mit feinborkiger Fichte, in manchen Regionen auch Eschen-, Tannen-, Buchen- oder Kiefernbestände. Die waldbaulich risikoärmsten Fütterungseinstände sind vor allem Baumhölzer, in denen während der nächsten 20 bis 30 Jahre keine Verjüngung erforderlich ist, vor allem dann, wenn darin auch im Winter ein gewisses

Futterstreitereien treten häufig bei zu wenigen Futterplätzen auf und können in der Folge Wildschäden provozieren (nicht gesättigtes Wild zieht mit dem Rudel ab). Foto: A. Deutz

natürliches Äsungsangebot verfügbar bleibt. Diese Fläche sollte an lichtes Altholz grenzen. Allein daraus ist schon ersichtlich, dass – außer im Bereich der Waldgrenze – Fütterungsstandorte für Rotwild nichts ewig Beständiges sind, sondern eventuell alle 25 bis 50 Jahre aus forstlichen Gründen geändert werden müssen. Für die Verlegung von Fütterungsstandorten haben sich Kirrketten und absolute Jagdruhe im Verlegungsbereich bewährt. Für eine Rotwildfütterung ist eine ausreichend große Freifläche von günstigenfalls zumindest 1 ha erforderlich.

Abschließend ist zur Standortfrage von Rotwildfütterungen noch anzumerken, dass die Lenkbarkeit des Rotwildes durch Fütterungen im Flach- und Hügelland größer ist als im Alpenvorland und in höher gelegenen Lebensräumen. In höher gelegenen Lebensräumen wird die Suche nach Wintereinständen stärker von kleinklimatischen Faktoren (Schatten, Wind, Schneelage) und verbleibenden natürlichen Äsungsressourcen (z. B. abgewehte Almflächen) mit beeinflusst.

Fütterung und Wildstand

Da eine fachgerechte Fütterung nicht nur Wild im Fütterungsbereich konzentriert, sondern insgesamt den Wildbestand ansteigen lässt (geringere Winterverluste, erhöhte Zuwachsraten besonders beim Rehwild), ist bei einer Entscheidung zur Fütterung auch die Entscheidung für einen höheren Abschuss zu treffen. Dabei ist nicht zu vergessen, dass neben dem nahezu nicht schätzbaren Rehwildbestand auch der Rotwildbestand häufig unterschätzt wird.

So liegt die Dunkelziffer (= nicht erfassbarer Anteil des Rotwildbestandes) je nach lokalen Rahmenbedingungen (natürliches Äsungsangebot im Fütterungsumfeld, Anteil von „Selbstversorgern" oder „Außenstehern", Schneelage und Witterung, unregelmäßiger oder zeitversetzter Zuzug zur Fütterung) sowie Vertrautheit des Wildes auch bei hervorragenden Zählbedingungen erfahrungsgemäß zwischen 15 und 40 %.

WICHTIG **Faustregel**

Als Faustregel kann gelten, dass in einem durchschnittlich strukturierten Rotwildbestand im Alpenraum mit etwa einem Drittel Zuwachs zu rechnen ist. Damit gilt auch der Umkehrschluss „nachhaltiger Jahresabschuss mal drei = Mindest-Winterbestand" (bei entsprechend großräumiger Betrachtung).

Futterabhängigkeit

An Fütterungen gewöhntes und davon abhängiges Wild, das noch dazu in Revierteilen gebunden wird, in denen es sich sonst im Winter zumindest nicht in so hohen Dichten finden würde, leidet auch bei einer nur kurzen Unterbrechung der Fütterung extremen Hunger, da es einerseits an hohe Energie- und Eiweißdichten des Futters gewöhnt ist und andererseits in diesen Revierteilen oft nicht ausreichend natürliche Äsung vorfindet. Ungefüttert würde ein Großteil des Wildes in günstigere Wintereinstände ziehen. Daher müssen Fütterungsstandorte wohlüberlegt sein. Erfahrungsgemäß ist es wesentlich leichter mit einer Rotwildfütterung zu beginnen, als erforderlichenfalls eine solche aufzulösen! Beim Rotwild wurden über Jahrzehnte auch sogenannte „Außensteher", also nicht gefütterte Stücke, gezielt bejagt – das waren aber gerade jene Stücke, die über noch ausreichend Wissen über geeignete Wintereinstände verfügten.

Futterbedarf und Futtermittel

Bei schwieriger Erreichbarkeit der Fütterung im Winter ist der geschätzte Futterbedarf für die gesamte Fütterungsperiode einzulagern. Beim Rotwild steigt der Bedarf gegen Frühjahr stark an und ist deutlich abhängig von der Verfügbarkeit natürlicher (Bei-)Äsung.

WICHTIG **Faustregel**

Der (gemittelte) Tagesbedarf eines Stückes Rotwild mit 100 kg Lebendmasse liegt bei ca. 2,5 kg Futter-Trockenmasse.

Angeboten werden Futtermittel je nach Futtermittelart in Raufen, Magazinen, Trögen, Tristen oder auf Futtertischen. Unter den Raufen ist ein (Vor-)Trog empfehlenswert, damit das aus den Raufen gezupfte Heu nicht auf den Boden fällt, verunreinigt und von dort aufgenommen wird.

Der Schnittzeitpunkt von **Heu** bestimmt die Qualität des Futters. Gröber strukturiertes Heu vom ersten Schnitt ist für Rotwild im Hochwinter als ideales Grundfutter anzusehen. Zu Beginn der Fütterungszeit (Spätherbst, Frühwinter) benötigt auch Rotwild rohprotein- und energiereicheres Grundfutter, also auch blattreicheres Heu oder Grummet.

Das **Gärheu** („Heulage"), ist mit 50–60 % Trockenmasse noch kein richtiges Heu, aber auch keine Silage mehr. Dieses angewelkte Futter wird im Ballen unter Luftabschluss mittels Milchsäurevergärung konserviert. Gut gelungenes Gärheu ist aromatisch, weist ein hervorragendes Gefüge auf und hat auch noch eine gute Strukturwirksamkeit. Gärheuballen sind trockener, gefrieren im Winter kaum, das Gärheu staubt nicht und hat zumeist hohe Gehaltswerte. Die Bereitung von Gärheu ist aber die schwierigste Form der Konservierung und sollte nur von Spezialisten durchgeführt werden.

Saftfuttermittel werden gerne angenommen und insbesondere Silagen haben aufgrund ihres Geruches (hauptsächlich ausgehend besonders von der beim Silieren entstehenden Milchsäure) auch eine große Lockwirkung auf das Wild (gute Qualität vorausgesetzt!). Kann man bei gutem Heu von einer Lockwirkung von rund 200 bis 400 m auf Rotwild ausgehen, liegt diese Wirkung bei Grassilage, abhängig von Hauptwindrichtungen und Geländerelief sowie von der Silagequalität, bei bis über 1.000 m. In diesem Zusammenhang ist Gärheu ähnlich geruchsattraktiv wie Grassilage. Diese Lockwirkung wird auch öfters missbräuchlich genutzt. Der Einsatz von Saftfuttermitteln ist teilweise (länderweise) gesetzlich geregelt.

Bei reiner Heufütterung beträgt der tägliche Wasserbedarf rund 7 l pro Stück Rotwild, Schnee ist ein Wasserersatz.

Ist der tägliche Verbrauch und damit die laufende Entnahme aus dem Futterlager zu gering, so können geöffnete Silagen (Siloballen oder Fahrsilos) durch den länger andauernden Luftzutritt eine unerwünschte Nacherwärmung durch Hefepilze erfahren, Bakterien (z. B. Listerien > Abortusfälle!) und (Schimmel-)Pilze vermehren sich ebenfalls rasant. Grassilage von frühen Schnittzeitpunkten hat wenig strukturwirksame Rohfaser, bewirkt damit geringeres Wiederkäuen und reduzierte Speichelproduktion („Pansenpuffer“) und kann somit bei alleiniger Fütterung Schälschäden provozieren.

Qualitativ gute Grundfuttermittel (Heu, nicht zu kurz geschnittene Grassilage) verbunden mit Ruhe im Revier sind normalerweise keine Schadauslöser.

Fotos: A. Deutz

Extensivierung der Fütterung

An einigen beobachteten Fütterungsstandorten, an denen früher sehr intensiv (Silagen, Biertreber, Kraftfutter usw.) gefüttert/gemästet wurde, waren eine Extensivierung und ein Zurückgehen auf reine Heufütterung unproblematisch, an einigen anderen jedoch gab es unerwartete Auswirkungen. Unterschätzt wird in diesem Zusammenhang oft, dass in Gebieten mit hohen Fütterungsdichten einzelne Stücke oder Rudel zwischen Fütterungen hin und herziehen – abhängig von der Attraktivität und Qualität der Futtermittel – sodass es auch bei Futtermittel-Änderungen zu erheblichen Verschiebungen von Fütterungswildständen kommen kann. Auch das möglichst lange Zurückhalten von Wild am Fütterungsstandort im Frühjahr (Vermeiden des Ziehens in schadensanfällige Vorlagen) durch die Vorlage von besonders attraktiven Futtermitteln funktioniert – lebensraumabhängig – bei Weitem nicht immer. Ein großes Problem in der sensiblen Frühjahrsphase der Futtervorlage sind Stangensucher (reviereigene und fremde) in den Fütterungseinständen.

Drei-Phasen-Fütterung

Der Nährstoffbedarf von Rotwild ist während der Fütterungsperiode nicht konstant. Dem physiologischen Bedürfnis kommt man deshalb mit einer Phasenfütterung (Spätherbst bis Winter-Sonnenwende, Winter-Sonnenwende bis Tag-Nacht-Gleiche und ab der Tag-Nacht-Gleiche im Frühjahr) am nächsten. Diese Einteilung entspricht den sich ändernden Lichtverhältnissen und dem damit zusammenhängenden, hormonell gesteuerten Stoffwechsel (= Bedarf).

Zu Beginn der Fütterungsperiode ist aufgrund des höheren Bedarfes (Feistbildung) eine energiereichere Versorgung anzustreben. **In der zweiten Phase** (Jänner bis Februar) soll die Versorgung vorwiegend über gröbere Grundfuttermittel abgedeckt werden, wodurch auf die natürliche Drosselung des Stoffwechsels der Wildtiere reagiert wird. **Die dritte Phase** kann wieder der ersten Phase entsprechen. Die Phasenfütterung ist auch bei reiner Heufütterung möglich. So kann in der ersten und dritten Phase Heu zweiten

Positivbeispiel einer Extensivierung der Fütterung (Heufütterung) mit tagaktivem Wild an der Fütterung Foto: A. Deutz

oder dritten Schnittes und im Hochwinter gröberes Heu ersten Schnittes vorgelegt werden. Wenn erst mit Ende der Jagdzeit mit der Saftfuttervorlage begonnen wird (z. B. mit 1. Jänner), ist es pansenphysiologisch vorteilhaft, nicht abrupt, sondern allmählich umzustellen.

Fütterung – Chance oder Risiko für den Wald?

Die plausibel erscheinende Theorie einer erfolgreichen Winterfütterung lautet: „Was an der Fütterung an Nahrung aufgenommen wird, wird nicht gleichzeitig im Wald weggeäst – deshalb leistet jede Fütterung einen gewissen Beitrag zur Wildschadensvermeidung." Diese Einschätzung wird allerdings nur unter folgenden fünf **Voraussetzungen in der Praxis** zutreffen:

- wenn der Fütterungsstandort und die Fütterungseinstände abseits von verbiss- oder schälgefährdeten Flächen liegen und bei Fütterungskonzept sowie Abschussplanung eine revierübergreifende Abstimmung stattfindet,
- wenn bei der Futtermittelwahl keinerlei Fehler gemacht werden,
- wenn alle zuziehenden Stücke gleichzeitig ausreichend Futter aufnehmen können,
- wenn es keinerlei Störungen am Futterplatz, im Fütterungseinstand und im Bereich der Wechsel dazwischen gibt (kein „Warteraum-Effekt") und
- wenn es zu keiner Zunahme des Wildbestands kommt (voller jagdlicher Ausgleich für verringerte Fallwildzahlen und für erhöhten Zuwachs).

Bei Erfüllung der fünf wesentlichen Voraussetzungen (siehe oben) kann die Winterfütterung erheblich zur Wildschadensvermeidung beitragen. *Foto: G. Greßmann*

Gedanken rund um „Monsterhirsche“

Moderne Zuchtmethoden

Handel mit Farmwild

Quer durch das Land werden immer wieder wahre „Monsterhirsche“ mit Geweihgewichten von oft weit über 15 kg erlegt. Das wirft nicht nur auf Stammtischen vielerlei Fragen auf, von Auswilderungen über Einkreuzungen bis zu (un)erlaubten Hilfsmitteln.

Über 150 Jahre lang war es „Mode“, beispielsweise Wapitis mit Rotwild zu kreuzen. Das Zuchtziel (hauptsächlich stärkere Geweihe) musste sehr detailliert beschriebene Kriterien erfüllen. Wildökologische und ethische Aspekte spielten seinerzeit keine Rolle. Die Selektion auf extrem starke Geweihe bei dieser „Verbesserungszucht“ benachteiligte die Kreuzungshirsche oft sogar, da sie häufig von deutlich schwächeren Hirschen zu Tode geforkelt wurden. Heute ist es unmöglich, auch nur eine ungefähre Übersicht über damalige Kreuzungsversuche zu erlangen, die vielfach von England ausgingen. Zusätzlich wurden in Mitteleuropa auch stärkere Rottiere (auch weil billiger als Hirsche) aus Südosteuropa zur „Blutauffrischung“ ausgewildert. Ein weiteres Experimentieren mit Einkreuzung muss heute nicht nur aus wildökologischen Gründen unterbleiben, sondern auch aus Furcht davor, Tierseuchen wie z. B. Tuberkulose oder Chronic Wasting Disease („Hirschenwahn“) zu importieren. Auch der Amerikanische Riesenleberegel wurde über importierte nordamerikanische Hirsche nach Europa eingeschleppt. Und der Hirschenwahn wurde 2017 über die Verwendung von aus Nordamerika importierten Sexuallockstoffen für die Jagd nach Skandinavien eingeschleppt.

Der letzte große Anlassfall war der Ausbruch der Afrikanischen Schweinepest in Belgien im Jahre 2018, provoziert über ausgewildertes Schwarzwild!

Das Auswildern von Kapitalhirschen geschieht meist illegal und birgt nicht zuletzt auch ein Risiko der Seuchenverschleppung (z. B. Tuberkulose, Paratuberkulose). Foto: A. Deutz

Moderne Zuchtmethoden

Heute werden diese Machenschaften noch ergänzt durch moderne Zuchtmethoden, wie künstliche Besamung oder Embryotransfer beim Rotwild. Österreich findet sich auf der Homepage eines großen Hirschhändlers aus Neuseeland als eines der europäischen Abnehmerländer (www.deergeneticsnz.co.nz/export) – die Wege des Wildes sind oft unergründlich ...

In Neuseeland gilt übrigens in einigen Farmwildbetrieben das Rotwild bereits als domestiziert, d. h. als Haustier. Die Domestikation (hat im Übrigen nichts zu tun mit futterzahmem Rotwild) ist ein schleichender Prozess, und ihre Kriterien sind u. a. gezielte Anpaarungen (ist jedenfalls bei künstlicher Besamung und Embryotransfer gegeben), deutliche Leistungssteigerung (z. B. Fleischleistung, Trophäe) oder die Verringerung des Gehirnvolumens gegenüber der Wildform. Wir müssen dann nur noch für das Rotwild einen Haustiernamen finden, vielleicht „Geweihrind“ oder „Nutzhirsch“?

Ob nun solche „Monsterhirsche“ aus Farmwildhaltungen stammen oder ob bei der „Produktion“ solcher Geweihe auch verbotene Mittel im Spiel waren (Anabolika, nicht zugelassene Futtermittel, Leistungssteigerer usw.), ob sie importiert wurden oder ob sie in freier Wildbahn an Fütterungen mit Futtermitteln versorgt wurden, die für die Verfütterung an Wiederkäuer im Speziellen und für lebensmittelliefernde Tier im Allgemeinen nicht zugelassen sind, ist dann recht einerlei. Denn solche Machenschaften würden die Lebensmittelsicherheit des Wildbrets extrem gefährden und sowohl der Jagd als auch der Farmwildhaltung auf den Kopf fallen.

Handel mit „Farmwild“

Die Haltung von (Wild-)Tieren im Rahmen einer gewerblichen Tätigkeit (z. B. Handel mit Wildtieren) bedürfte grundsätzlich einer Bewilligung nach dem Tierschutzgesetz. Nach Riemelmoser (2006) *„werden Rothirsche aber nicht nur des Fleisches wegen, sondern oft wegen ihres Geweihs gehalten. Wie in Jagdgattern auch, wird mit gezielter Zucht und spezieller Fütterung ein kapitaler Trophäenhirsch produziert, der dann narkotisiert an die Jagd bzw. dessen Abschuss im Gehege mit gutem Gewinn verkauft wird. Diese Wirtschaftsweise ist meist weder gesetzlich gedeckt, noch ist sie weidgerecht, in der Praxis kommt sie jedoch immer wieder vor und bringt so die landwirtschaftliche Wildhaltung insgesamt in Verruf.“* Es stellt sich in diesem Zusammenhang die Frage, wie die Haltung von Schalenwild zu sehen ist, das im Rahmen des Handels mit Tieren verbracht wird. Dieser „Wirtschaftszweig“ ist kaum gesetzlich geregelt, es fehlen konkrete Bestimmungen zur Kennzeichnung und Registrierung der Tiere, und oftmals ist daher eine Rückverfolgbarkeit der Herkunft der Tiere schwierig. Dieser Umstand birgt natürlich Gefahren hinsichtlich der Verbreitung von Tierseuchen, des Missbrauchs der Arzneimittelanwendung bei Schalenwild und der Lebensmittelsicherheit in sich.

Es dürfte aus jagd-, naturschutz- und tierschutzrechtlichen sowie aufgrund der Immobilisierung der Tiere aus arzneimittelrechtlichen Vorgaben kein Schalenwild aus einem Farmwildbetrieb in ein Jagdgatter oder in freie Wildbahn freigesetzt werden. Für Auswilderungen bedarf es jagd- und naturschutzrechtliche Bewilligungen nach den jeweiligen Landesgesetzen, übrigens auch, wenn diese Wildart bereits im fraglichen Gebiet vorkommt.

Wir sollten die an den olympischen Gedanken „schneller, höher, weiter“ angelehnten jagdlichen Wunschvorstellungen an die Geweihe („dicker, höher, schwerer“) baldigst ablegen und keine „Knochenolympiaden“ betreiben …

Die Freisetzung von kapitalen Gatterhirschen in Jagdgatter oder in freie Wildbahn ist sowohl naturschutz- als auch jagdrechtlich strafbar. *Foto: A. Deutz*

„Schadauslöser“

Jagdliche Schadauslöser

Unbedachte Lagerung von Siloballen oder offene Fahrsilos

Fütterung und Wildschäden, „Warteraumeffekt“

Grünlandschäden

Schadensursachen bei und nach Schonzeitabschüssen

Im Zusammenhang mit der Fütterung gibt es eine Reihe von schadensauslösenden Faktoren, die teilweise schwer zu ermitteln sind. Neben Fehlern und Unachtsamkeiten bei der Bejagung werden eine unzweckmäßige Lagerung von Siloballen, offene Fahrsilos, Kirrungen und auch Fütterungsfehler immer wieder als Auslöser erkannt.

Jagdliche Schadauslöser

Eine Reihe von jagdlichen Fehlern und Unachtsamkeiten der Vergangenheit, wie

- allgemein ein zu hoher und langer Jagddruck,
- Jagd aus der Nähe von Kraftfahrzeugen,
- Abschüsse in Fütterungsnähe,
- Schüsse in große Rudel,
- das Hinterlassen „stummer Zeugen“,
- Ansitzen bei schlechten Windverhältnissen,
- häufige Ansitz- und Bewegungsjagden nach gleichem Schema usw.,

ließen Rotwild über die Jahre enorm viel dazulernen, was seine Bejagbarkeit immer schwieriger macht.

Unbedachte Lagerung von Siloballen oder offene Fahrsilos

Siloballen und Fahrsilos können allein durch ihren attraktiven Geruch Rotwild über weite Strecken anlocken und in deren Nähe binden. Befinden sich in der Nähe dieser Futtermittellager schälgefährdete Bestände, können in kurzer Zeit enorme Schäden auftreten. Seit Einführung der Ballensilage hat sich in den letzten 20 Jahren die Grassilage in der Rinder-

und Rotwildfütterung durchgesetzt und auch die Maissilage wurde zunehmend eingesetzt. Silagen werden vom Wild allgemein gerne angenommen und haben aufgrund ihres Geruches eine große Lockwirkung. Neben dem Einsatz von Silagen bei der Wildfütterung sind die landwirtschaftliche Lagerung von Siloballen oder die Nutzung von Fahrsilos zu berücksichtigen, die das Rotwild oft in den unmittelbaren Bereich von landwirtschaftlichen Betrieben oder Siloballenlagerplätzen locken.

HINWEIS **Silogeruch**

Es ist davon auszugehen, dass der Silagegeruch für Rotwild auf mindestens 1 km Luftlinie wahrnehmbar ist.

Zumindest in der Vergangenheit wurden vereinzelt solche Siloballenlager auch für jagdliche Zwecke missbraucht, mit allen negativen Konsequenzen für das Rotwild. Negativ für das Rotwild deshalb, da bei durch solche groben menschlichen Fehler ausgelösten Wildschäden meist erhebliche Konsequenzen für das Rotwild die Folge sind, wie Schonzeitabschüsse oder klassenlose Bejagung.

Rotwildwechsel zu freier Silofütterung für Rinder Foto: H. Bretis

In den letzten Jahren muss verstärkt festgestellt werden, dass sich Rotwild ganzjährig in Gebieten aufhält, in denen es über Jahrzehnte nicht überwinterte. Besonders bei frühzeitig einsetzenden Wintern mit erheblichen Schneemengen und großer Kälte kann sich Rotwild in der Nähe von nicht fachgerecht gelagerten

Unbedachte oder gezielte unzweckmäßige Lagerung von Siloballen kann erhebliche Schäden provozieren.

Diese Einzäunung der Siloballen ist nicht rotwildsicher. Fotos: A. Deutz

Siloballen einstellen, die angrenzenden Waldungen als Einstand nutzen und Schäden verursachen. Aufgeschaukelt durch Beunruhigungen (Jagddruck, Tourismus, Nähe von Siedlungen, Hunde usw.) und Futtermitteleigenschaften vergrößert sich die Schadensgefahr abermals (Silagen vom frühen Schnitt sind energiereich und rohfaserarm – Schälen bringt dem Rotwild die notwendige Rohfaser).

WICHTIG **Richtige Ballenlagerung**

Die Lagerung von Ballen sollte auf möglichst befestigten Plätzen und auf der flachen „Stirnseite" der Ballen erfolgen. Es ist weiterhin wichtig, dass das Ballenlager sicher eingezäunt und die Ballen möglichst mit einem Vlies abgedeckt werden.

Geruchlich besonders anziehend wirken sich geöffnete Siloballen, Fahrsilos oder auch offene Heuschuppen im Freiland aus, wodurch das Wild angelockt und gebunden wird (Kirreffekt) und die angestammten Winter- bzw. Fütterungseinstände nicht mehr aufsucht. Durch die Bewilligungspflicht für Fütterungen wird versucht, lokale Egoismen zu reduzieren und das Rotwild in störungsarme Gebiete zu lenken und möglichst dort zu überwintern, wo die Schadensanfälligkeit gering ist. Dieser Lenkungseffekt kann durch eine aktive und gezielte Bejagung in der Schusszeit verstärkt werden, und kann umgekehrt bei kontraproduktiven Einflüssen in der Wirkung markant reduziert werden (z. B. attraktive Futteraufnahmemöglichkeit außerhalb von Rotwildfütterungen). Das Wild hält sich dadurch abseits der bestgeeigneten Einstände auf, im Bergrevier beispielsweise in oftmals deutlich schadanfälligeren Vorlagenbereichen, und kann dort erhebliche Schäden anrichten. Abschüsse während der Schonzeit sind dann oftmals die einzige Möglichkeit, um das Schadausmaß in Grenzen zu halten. Diese erhöhen aber den monatelangen Jagddruck und damit meist die „Unsicherheit" des ohnehin schon scheuen Rotwildes (und eventuell auch den potenziellen Schadensdruck), sind aber als Sofortmaßnahme oft unerlässlich.

Kooperativ zwischen Landwirt und Jägerschaft eingezäuntes Ballenlager Foto: A. Deutz

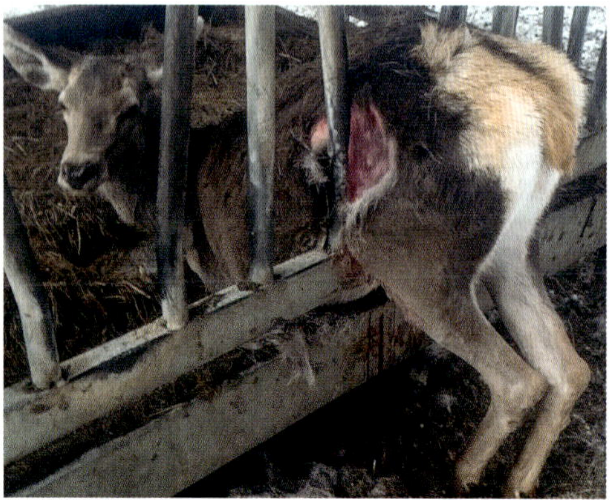

Futterraufen für die Ganzjahres-Freilandhaltung von Rindern und Pferden werden von Rotwild als „Fütterung" angenommen und können sogar zu tödlichen Fallen werden. Archiv A. Deutz

Hin und wieder werden Ballen mit verdorbener Silage auch unbedacht im Wald oder am Waldrand „entsorgt", was unerwünschte

Unbedacht im Wald entsorgte, verdorbene Grassilage *Foto: A. Deutz*

Folgen haben kann. Ein weiteres Problemfeld sind extensive Rinderhaltungen mit Außenfütterungen, wo sich im Winter – teilweise gar nicht unerwünscht – einige Stücke Rotwild in der Nähe einstellen und diese „Fütterung" nutzen. Sind schälanfällige Bestände in der Nähe, ist das Schadensrisiko erheblich.

Vorbeugende Maßnahmen

Der Grundeigentümer kann durch vorbeugende Maßnahmen bei der Lagerung der Futtermittel, wie befestigte Plätze, stabile Zäune, Abdeckungen etc., bzw. durch laufende Kontrollen des Zustandes der Abdeckungen aktiv an der Minimierung der Schadensursachen mitarbeiten. Besteht die Notwendigkeit, offene Futterlagerstätten mit einem (Elektro-)Zaun oder Ähnlichem zu schützen, so sollte dies in Absprache und Zusammenarbeit zwischen Grundbesitzern und Jägern erfolgen. Dies ist vielfach bereits bei der Auswahl von möglichen Lagerungsplätzen erforderlich. Es erscheint nicht zielführend, sich bei Wildschadensverhandlungen gegenseitig Schuldzuweisungen zu machen oder einen bekannten Missstand nicht aufzuzeigen und damit die Schäden weiter zu provozieren oder zu verstärken. Ein gemeinsames, partnerschaftliches Vorgehen von Jägern und Grundeigentümern ist der einzig mögliche und sinnvolle Weg, die Ursachen für die Entstehung von Wildschäden zu ergründen und ihnen zu begegnen. Vorbeugende Maßnahmen beider Seiten führen zur notwendigen Sensibilisierung für dieses Thema und verhindern Schäden, Ärger und Kosten.

Unabhängig von obigen Ausführungen ist rechtlich zu erwägen, dass bei fahrlässiger Lagerung von Futtermitteln und gleichzeitigem Auftreten von Schäden auch den Grundbesitzer eine „Mitschuld" trifft und dass die bewusste Verwendung von Futtermittellagerplätzen zu jagdlichen Zwecken (illegale Kirrung) auch von der Behörde strenger geahndet wird.

Fütterung und Wildschäden, „Warteraumeffekt"

Der Bereich um Fütterungen wird alleine schon wegen der lokal höheren Wilddichte einem größeren Verbiss- oder Schäldruck ausgesetzt. Falls zusätzlich schadensprovozierende Faktoren seitens des Fütterungsstandortes, der Waldstruktur, der Futtermittel, des Fütterungsregimes oder Stressfaktoren für das Wild auftreten, sind Schäden oft vorprogrammiert.

Warteraumeffekt

Unregelmäßige Futtervorlagen, zwischenzeitig leere Tröge und Raufen, Störungen des Wildes bei der Fütterung, Jagddruck im Bereich des Fütterungsstandorte oder für den Fütterungsstand unterdimensionierte Anlagen führen dazu, dass zur Fütterung anwechselndes, hungriges Wild, das noch kein Futter aufnehmen

Starker Schäldruck in der Nähe von Äsungsflächen, die nur nachts vom Wild angenommen werden („Warteraumeffekt“). Fotos: A. Deutz

kann, durch den **„Warteraumeffekt“** geradezu angeregt wird zu verbeißen oder zu schälen. Ein ebensolcher Effekt ergibt sich im Gebirge bei extremen Schneelagen oder bei infolge der Lawinengefahr nicht mehr zugänglichen Fütterungsstandorten, an die das Wild zuvor gebunden wurde. In solchen Fällen ist neben den Schäden mit erheblichen Ausfällen durch Verhungern zu rechnen.

Der **„Fresstrieb“** besonders von gefüttertem Wild kann auch durch Stimmungsübertragung zwischen den Stücken ausgelöst werden, wenn ein futteraufnehmendes Stück beobachtet wird. Auf diese Weise stimulierter Hunger und physiologischer Hunger können sich addieren. Solche Situationen ergeben sich oft an Fütterungen mit zu wenigen Futterplätzen, wenn rangniedrigere Tiere noch warten müssen. Die Addition der Hungerarten löst einen Fresstrieb aus, der das Tier zur Aufnahme von mitunter auch schlecht verdaulicher Äsung veranlasst. Zusätzliche Schäl- und Verbissschäden in der engeren und weiteren Umgebung von Fütterungen können die Folge sein.

Rotwild zeigt einen ausgeprägten **Futterneid** untereinander. Rangniedere Tiere werden von ranghöheren von der Fütterung abgedrängt, wenn es zu wenige Futterplätze oder allzu attraktive Futtermittel gibt (bei Heufütterung erfolgt die Futteraufnahme ruhiger). Die abgeschlagenen Stücke suchen entweder in der Umgebung der Fütterung nach Äsung und belasten damit den Wald oder ziehen noch hungrig mit dem Rudel in die Fütterungseinstände, wo sie ebenfalls Schäden anrichten können. Diese Probleme zeigen sich besonders an Standorten, die ehemals für eine geringere Stückzahl geplant und dimensioniert worden sind und an denen sich dann ein deutlich höherer Fütterungswildstand einfindet.

Kompensierung und Wildschäden

Die triebgesteuerte Suche nach bestimmten Futtereigenschaften, die zu unterschiedli-

Schälschäden im Fütterungsbereich sind häufig Folge von Beunruhigung, zu wenig Futterplätzen oder von einer falschen Futtermittelration (zu viel Eiweiß bzw. Kohlenhydrate, zu wenig strukturwirksame Rohfaser).

cher Äsungs- bzw. Futterauswahl führt, wird durch den **Kompensierungsdrang** (Drang nach Ausgleich) ausgelöst. Ist der Mangel an bestimmten Nährstoffen, Mengen- oder Spurenelementen zu groß, kann der Hunger nach diesem Inhaltsstoff zu einer Überkompensierung führen. Dann wird der ursprüngliche Nährstoffmangel zum Überschuss, was einen neuen, entgegengesetzten Kompensierungsdrang auslöst. Das führt einerseits zu größerer Futteraufnahme als physiologisch nötig und andererseits zur Bevorzugung von Nahrung, die sonst von geringer Bedeutung oder gar nicht nötig ist. Die Störungen des Fresstriebes und die Überkompensierung gehören zu den wichtigsten Ursachen eines übernormalen Verbisses und Schälens. Denn der Kompensierungsdrang veranlasst nicht artgerecht gefütterte Tiere, eine unausgewogene Zusammensetzung des Futters auszugleichen. Mangelkrankheiten sind vor allem deshalb bei Wildtieren recht selten (Bubenik, 1959).

Auch die Untersuchungen von Arnold et al. (2005) belegen, dass bei einer zu eiweißreichen Fütterung von Rotwild im Winter die Akzeptanz nachlässt und die Verbisshäufigkeit in der Umgebung der Fütterung durch die Kompensierung deutlich zunimmt. Bei Vorlage unnatürlich hoher Eiweißgaben versucht Rotwild durch vermehrte Aufnahme eiweißarmer Wintervegetation den Eiweißanteil in der insgesamt aufgenommenen Nahrungsmenge auf den bevorzugten niedrigen Winterwert herunterzubringen. Eiweißreiche Futtermittel sind zum Beispiel Soja, Sesam, Erbse, Biertreber oder Luzerne, aber auch Kleegrassilagen haben relativ hohe Eiweißgehalte.

Enormer Schäldruck durch Getreidefütterung bei einer Nachbarfütterung (chronische Pansenazidose, Mangel an wiederkaufähiger Struktur > Rinde als Kompensierungsäsung)

Foto: G. Schmiedinger

Kleine Fehler – große Wirkungen

Die Empfindlichkeit des Verdauungssystems von Wildwiederkäuern sowie die erhöhte Anfälligkeit von Wäldern und die verringerte Toleranz gegenüber Verbiss oder Schälung stellen in unserer mehrfach intensiv genutzten Kulturlandschaft enorm hohe Anforderungen an die Wildfütterung. Wenn diese hohe Professionalität (ja geradezu „Fehlerlosigkeit“) nicht gewährleistet werden kann, wird die Wirkung der Wildfütterung sehr rasch kontraproduktiv und man löst damit Wildschäden aus. Und da es überall, wo Menschen arbeiten, Fehler geben kann und geben wird, kann diese Fehleranfälligkeit im Zusammenhang mit der Winterfütterung zu einem sehr grundsätzlichen Argument gegen das Füttern werden, vor allem bei stärkeren Wildkonzentrationen in empfindlichen Lebensräumen (z. B. auf kargen Standorten mit wenig Waldverjüngung oder im Umfeld von schälanfälligen Waldbeständen). Dies soll anhand eines Beispiels aus einem empfindlichen Lebensraum verdeutlicht werden.

Beispiel: Fütterung und Schälrisiko
Je äsungsärmer und fichtenreicher die dichteren Waldbestände im Wintereinstand sind, die einen guten Witterungs- und Feindschutz bieten, desto höher ist das Schälrisiko. Denn Rotwild, das sich aus dieser Deckung nicht hinauswagt, kann im Rückzugsraum nur durch Schälen der Baumrinden seinen Hunger stillen. Immerhin weist feine Fichtenrinde einen Nährwert auf, der etwa mittleren Heu-Qualitäten entspricht. Die oft geäußerte Frage „Warum schält das Rotwild“ klingt angesichts dieser Tatsache sonderbar, denn kaum jemand würde sich fragen „Warum frisst das Rotwild Heu“?! Rinde ist allerdings außerhalb der Saftzeit recht mühsam vom Stamm ablösbar und auch mengenmäßig nicht sehr ergiebig, sodass zur Sättigung eine erhebliche Rindenfläche geschält werden muss (was zumindest außerhalb der Saftzeit recht zeitintensiv ist).

Grünlandschäden

Neben den Schäden im Wald ergeben sich vor allem in Rotwild-Kerngebieten **im Frühjahr** zunehmend Probleme mit Grünlandschäden. Größere Rotwildrudel können das erste Grün stark nutzen und damit den Aufwuchs merkbar verzögern. Wenn dann durch die hohe Stückzahl dieser erste Aufwuchs auch noch stark mit Losung verunreinigt wird, kann es für den betroffenen Landwirt zusätzlich zu erheblichen Hygienemängeln in der Grassilage kommen.

Um solche Grünlandschäden zu minimieren, wird mancherorts das Rotwild auf diesen Flächen beschossen, teilweise als Sondermaßnahme schon vor Beginn der regulären Schusszeit oder mit behördlicher Bewilligung auch während der Nacht, und damit bewusst in den Wald gedrängt. Unvermeidlich werden damit die Scheuheit des Rotwildes und das Meiden von Freiflächen während der weiteren Jagdzeit massiv verstärkt und die Wildschadensgefahr im Wald erhöht. Die regionale Prioritätensetzung ist bei solchen Sondermaßnahmen sorgsam abzuwägen und wird sich jeweils am „geringsten Übel“ zu orientieren haben.

Manchmal kann es stattdessen zur Rotwildlenkung sinnvoller sein, den Verbleib des Wildes an der Winterfütterung möglichst zu verlängern, indem man während dieses schadenskritischen Zeitraumes besonders attraktive Futtermittel vorlegt (z. B. Apfeltrester). Sind aber Grünflächen nur wenige Kilometer von Fütterungen entfernt, gelingt es häufig auch mit sehr attraktiven Futtermitteln nicht, Wild ausreichend lange an den Fütterungen zu halten.

Schadensursachen bei und nach Schonzeitabschüssen

Für Schälschäden, die außerhalb der Schusszeit im Wald passieren, ist nicht immer eine überhöhte Rotwilddichte die maßgebliche Ursache. Oftmals wird aber gleichsam als „Kurzschluss“ auf eine zu hohe Wilddichte geschlossen, ohne sich mit den lokalspezifischen Ursachen intensiver zu beschäftigen. Selbstverständlich sind solche Stücke, die massive Schäden verursachen, umgehend zu erlegen. Ein beginnender Brand sollte so schnell wie möglich gelöscht werden, bevor er zum unbeherrschbaren Flächenbrand wird („gegen das Aufflammen vorgehen, statt erst nach der Einäscherung zu reagieren"). Bei solchen Aktionen werden mancherorts bevorzugt männliche Stücke erlegt, denen die Schuld an den auftretenden Schäden zugeordnet wird (sogenannte „Schadhirsche"). Ein Antrag auf Erlegung von „Schad-Kahlwild" wird wesentlich seltener gestellt.

Nach dem Abschuss, der oft auch bei einer Riegeljagd getätigt wird, sollte es zu einer **umfangreichen Ursachenanalyse** kommen. Warum schälte das Rotwild in diesem Gebiet? Kann es sein, dass die Bejagungsstrategien über das ganze Jagdjahr ebenfalls einen Beitrag zu dieser Situation geleistet haben? Oder sind es Missstände, wie zum Beispiel frei zugängliche Silolagerungen oder nicht eingezäunte Rehwildfütterungen, die erfahrungsgemäß allzu oft in engem Zusammenhang mit Schälschäden im Winter stehen? Sind die Waldbestände vom Besiedlungsanreiz her sehr attraktiv (Witterungsschutz) und bieten keinerlei Äsung oder hat sich der Besiedelungsanreiz in der Umgebung geändert? Ist der Jagddruck in dieser Region gestiegen und verhindert dadurch ein störungsfreies Austreten der Stücke? Sind im Jagdgebiet Ruhezonen eingerichtet, in denen sich das Wild störungsfrei aufhalten kann? Hier stehen sehr viele Fragen an, die im Bemühen um Wildschadensvermeidung berücksichtigt werden müssen.

WICHTIG **Ursachen bekämpfen**

Geht man nach gelungenen Schonzeitabschüssen gedankenlos zur Tagesordnung über, wird man womöglich weiterhin mit derselben Problematik zu kämpfen haben, weil man vielleicht nur die Symptome bekämpft, die chronische Krankheit und deren Ursachen aber nicht erkannt und beseitigt hat.

Nach Schadwildabschüssen während der Schonzeit darf nicht zur Tagesordnung übergegangen werden, Ursachenanalysen und flankierende Maßnahmen sind gefragt. Foto: A. Deutz

Fütterungsplatz und Geländegegebenheiten

Zähltermine

Fütterungsmanagement

Zählung

Zur Praxis der Erfassung von Rotwildbeständen

Für Zählungen, besser gesagt Schätzungen, von Rotwildbeständen im Bereich von Winterfütterungen (die in vielen Revieren zum Standard gehören und für die Abschussplanung verwendet werden) sind einige Rahmenbedingungen notwendig, um brauchbare Ergebnisse für die Planung und für Rückrechnungen zu erhalten. Dass man dabei immer nur mit Mindestbeständen rechnet, muss den Verantwortungsträgern bewusst sein. Denn die Wahrscheinlichkeit, dass alle Stücke aus dem Fütterungseinstand gleichzeitig zum Futterplatz kommen – und das noch dazu rechtzeitig vor der Dunkelheit – ist extrem gering. Wegen der erheblichen Schwankungen bezüglich der Erfassbarkeit von Rotwildbeständen ist es empfehlenswert, eine jährliche „Inventarisierung“ (Schätzung nach bestem Wissen und Gewissen) vorzunehmen, um im Verlauf der Jahre trotz gewisser „Ausreißer“ einen brauchbaren Trend der Bestandsentwicklung (Zunahme, Abnahme oder gleichbleibend) zu bekommen. Der **tatsächliche Bestand** liegt in den österreichischen Bergrevieren im großflächigen Mittel auf Basis von Rückrechnungen aus dem Abschuss ohnehin **um mindestens 30 % höher** als das beste Zählergebnis – auch wenn das von zahlreichen Fütterungsbetreuern kategorisch ausgeschlossen und für ihr eigenes Revier jedenfalls für unmöglich gehalten wird.

Fütterungsplatz und Geländegegebenheiten

Für günstige Zählbedingungen muss der **Fütterungsplatz** eine entsprechende Größe, genügend Fütterungseinrichtungen, wie Raufen und Tröge, haben, damit das gleichzeitig anwechselnde Wild ungehindert Futter aufnehmen kann. Zwischen der Fütterung und dem Einstand soll ein übersichtlicher Bereich von etwa 100 m liegen (z. B. lichtes Altholz), um das Wild an den Wechseln leichter zählen zu können und damit es nicht zu einem wechselweisen Verschieben der Stücke direkt an der Fütterung kommt. Günstig ist zusätzlich, wenn das Rotwild wegen des Fallwindes von der Bergseite talwärts zu den Fütterungen zieht (Wind, keine Störung beim Betreten des Fütterungsbereiches).

Der **Beobachtungsplatz** sollte einen guten Überblick über das Fütterungsgelände bieten. Zum Zählzeitpunkt dürfen keine ungewohnten Situationen auftreten, wie fremde Autos und Personen oder ungewohntes Verhalten des Fütterers. Solche Änderungen werden vom Rotwild genauestens wahrgenommen und skeptisch verfolgt – und allein dadurch schon kann der Zuzug reduziert und damit das Zählergebnis verschlechtert werden.

Zähltermine

Da eine gleichzeitige Anwesenheit eines möglichst großen Teiles des „Fütterungsstandes" während der Fütterungsperiode nur an wenigen Tagen zu erwarten ist, kommt der Terminwahl entscheidende Bedeutung zu. Eine relativ geringe Dunkelziffer (unter 40 %) ist am ehesten **an sehr kalten, schneereichen Wintertagen** zu erwarten. Die Zählungen an Fütterungen sollten zum Beispiel bei Witterungsumschwüngen (Kälteeinbrüche, Temperaturstürze) erfolgen.

Bei Zählungen (bzw. Schätzungen) von Rotwildbeständen im Bereich von Winter-fütterungen erhält man immer nur Mindestbestände; die Dunkelziffern sind erheblich. Foto: H. Bretis

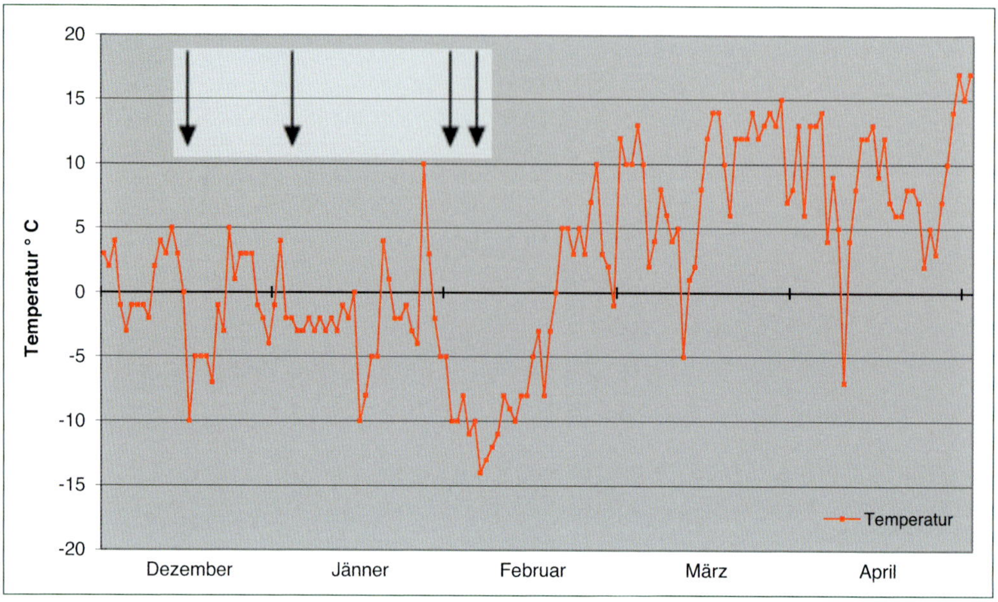

Abb. 3: Günstige Zähltage (Pfeile) an einer Rotwildfütterung im Winter 2012/13 sind besonders kalte Tage mit hoher Schneelage (relativ geringe zu erwartende Dunkelziffer). Grafik: H. Bretis

Wichtig ist auch, neben mehreren revierübergreifenden Hauptzählterminen auch Nebenzählungen über die gesamte Fütterungsperiode hinweg durchzuführen, um möglichst genaue Vorstellungen über die Zusammensetzung des Fütterungsbestandes zu erhalten. Die besten Zähltermine sind erfahrungsgemäß etwa **Ende Jänner bis Mitte Februar** (je nach Wetter), da bis zu dieser Zeit der Anteil an „fütterungsfernem" Wild noch erheblich sein kann.

Bei mehreren Rotwildfütterungen im Umkreis von wenigen Kilometern und vielleicht noch unterschiedlichen Fütterungszeiten und Futtermitteln ist mit erheblichen Wechselwirkungen zwischen diesen Fütterungen zu rechnen, d. h., dass einzelne Stücke oder Gruppen bisweilen täglich zwischen den Fütterungen hin- und herwechseln und während dieser Zeit nicht erfasst werden können. In solchen Gebieten bewähren sich gut koordinierte gemeinsame Zähltermine.

Fütterungsmanagement

Tägliches, ausreichendes Füttern zur gleichen Zeit und **Ruhe in den Fütterungseinständen** fördert die Vertrautheit des Rotwildes im Fütterungsbereich und reduziert somit auch die Dunkelziffer. Wöchentliche Fütterung in Magazinfütterungen erschwert bzw. verhindert eine brauchbare Schätzung des Fütterungsbestandes. Ebensolche Auswirkungen bringen Extensivierungen von Fütterungen, allein was die Attraktivität der Futtermittel betrifft (z. B. Umstellung von Heu-/Saft-/Kraftfutter auf reine Heufütterung) oder Fütterungsauflösungen. Falls dies in einer Phase mit hohen Beständen passiert, wird jede weitere „Planung" nach veränderten Kriterien stattzufinden haben, um nicht zu einem „jagdlichen Blindflug" zu werden. Im Umgang mit Zählergebnissen muss dies unbedingt berücksichtigt werden, da in diesem Fall die Dunkelziffer jedenfalls deutlich höher anzusetzen ist.

HINWEIS **Fütterung und Zählung**

Zur Attraktivität der Futtermittel und damit der Lockwirkung auf das Wild hin zur Fütterung ist anzumerken, dass Saft- (wie Silagen, Trester, Treber, Rüben) und Kraftfuttermittel (Mais, Getreide, Pellets) eine höhere Lockwirkung als Heu haben und dass es innerhalb der Futtermittelgruppen auch noch deutliche Unterschiede gibt. So ist beispielsweise Luzerneheu auch für Rotwild wesentlich attraktiver als Wiesenheu.

Zählung

Die Zählung sollte bei Fütterungen mit höherem Fütterungsstand von **mindestens zwei Personen** durchgeführt werden. Jede Zählperson zählt dann beispielsweise eine eigene Sozialklasse. An einem Zähltermin werden beispielsweise nur die Tiere und Kälber erfasst. Auf diese, also die Zuwachsträger und den Nachwuchs, ist das Hauptaugenmerk zu legen, um möglichst genaue Zuwachsschätzungen durchführen zu können. Aus den gesammelten Zählergebnissen werden natürlich die höchsten für die weiteren Planungen als Mindestwerte herangezogen und für die Abschuss-Festlegung wird eine Dunkelziffer dazukalkuliert. Während der gesamten Fütterungsperiode (Nebenzählungen) erfasst man das Rotwild immer wieder nach Sozialklassen.

Eine andere Methode ist, dass eine Person das Wild zählt und in Klassen einteilt und die zweite Person die Daten in einem Erfassungsblock notiert. Entsprechende Erfahrung beim Ansprechen ist dafür eine unbedingte Voraussetzung. Mit den vorhandenen Ergebnissen werden Kalkulationen sowohl in die Vergangenheit als auch in die Zukunft gemacht. Im nächsten Jahr werden berechnete und erneut gezählte Ergebnisse verglichen und analysiert. Rückrechnungen auf die Bestandsentwicklungen der Vergangenheit können damit dargestellt werden, was in Reduktionsphasen von essenzieller Bedeutung ist. Die langfristige Dokumentation und Analyse der über Jahre gesammelten Zähldaten ist nicht nur für die Abschussplanung, sondern auch für die Erfassung der Wildbestandsentwicklung wichtig.

Die „Spießermethode"

Die Spießermethode kann als **Kontrolle** der Kalkulationen eingesetzt werden, vorausgesetzt, die Datengrundlagen sind möglichst exakt. Durch Addieren der gezählten und im Jagdjahr erlegten Spießer errechnet sich der männliche Kälberbestand des Vorwinters (1. Kontrolle). Zu diesem werden die im Jahr davor erlegten Hirschkälber addiert und man erhält einen Mindestwert für den männlichen Zuwachs des vorletzten Jahres. Nimmt man an, dass gleich viele Hirsch- und Wildkälber gesetzt werden, kann diese Zahl verdoppelt werden. Bei verschobenen Geschlechterverhältnissen kann sich das Verhältnis in Richtung Wildkälber bewegen – dies wäre zusätzlich zu berücksichtigen. Der so errechnete Gesamtzuwachs des Vorjahres dividiert durch das Zuwachsprozent der Alttiere (85 %) ergibt den Mindestbestand der setzfähigen Tiere im Frühjahr des Vorjahres

Mit der „Spießermethode" kann der Mindestanteil an Hirschkälbern rückgerechnet werden.

(2. Kontrolle). Diese Methode dient als Hilfsinstrument, wenn keine guten Zählergebnisse beim Kahlwild erzielt wurden. Spießer sind bei großen Fütterungsrudeln relativ leicht zu zählen. Aufbauend auf diese Berechnung kann der Alttierbestand besser geschätzt werden. Dieser Informationsgewinn ist als eine Hilfestellung bei der Abschussplanung und ebenso als „Cross Check" für Zählergebnisse an den Fütterungen zu sehen.

Zählungen aus der Luft

Zählungen und Rückrechnungen können in schwierigem Gelände, bei einem hohen Anteil an „Selbstversorgern" oder auch in extremen Schadens- bzw. Seuchengebieten mit dem Versuch von Zählungen mittels Wärmebildkameras von Leichtflugzeugen aus kombiniert werden. Erfahrungen dazu liegen mittlerweile aus einigen Rot- und Schwarzwildgebieten vor (Miller, 2013). In nadelholzreichen Einstandsgebieten gestalten sich diese Zählungen schwieriger.

Erhebung über Rückrechnung

Gibt es keine Möglichkeit, das Rotwild an Fütterungen zu zählen, oder sind nur die Zähl- und Schätzergebnisse von extensiv betriebenen Fütterungen vorhanden (wöchentliche Vorlage, ausschließliche Heufütterung, kein vertrautes Wild, ...), so kann man über Rückrechnungen aus den durchschnittlichen Abschusszahlen der letzten Jahre zu annähernd brauchbaren Zahlen für die Planung kommen. Dies soll anhand eines einfachen Beispiels vorgestellt werden.

Der Einfachheit halber wurden in diesem Beispiel andere Einflüsse (Mortalität, Zu- und Abwanderung usw.) nicht berücksichtigt. Es soll eine Anregung sein, sich mit Abschusszahlen

Beispiel: Schätzung eines Bestandes über Rückrechnung

Der durchschnittliche Abschuss einer Wildregion pendelt in den letzten Jahren um etwa 100 Stück Rotwild herum, wobei wir uns im Klaren sein müssen, dass ein Schwanken von Beständen etwas vollkommen Natürliches wäre (in unserer jagdlichen Welt wünscht sich so mancher nur oft konstante oder vielleicht sogar leicht ansteigende Bestände). Man vermutet aufgrund des geringen Anteils alter Hirsche und vieler einjähriger Stücke im Abschuss, dass das Geschlechterverhältnis deutlich zugunsten des weiblichen Wildes verschoben ist. Der Abschuss verteilt sich auf 30 % Hirsche, 39 % Tiere und 31 % Kälber. Da jedes Jahr annähernd gleich viele Stücke in diesem Verhältnis erlegt werden (Bestand etwa gleichbleibend), kann der Gesamtabschuss mit dem Gesamtzuwachs theoretisch gleichgesetzt und durch das Zuwachsprozent der setzfähigen Tiere (85 %) dividiert werden.

In unserem Bespiel müssten also mindestens 118 Alttiere sowie beschlagene Schmaltiere jährlich vorhanden sein, um jährlich 100 Kälber zu setzen. Von diesen 100 im Frühjahr gesetzten Kälbern werden im laufenden Jagdjahr 31 (laut Abschusszusammensetzung) erlegt. Teilt man die im Bestand verbleibenden 69 Kälber zu gleichen Teilen in Hirsch- und Wildkälber auf (kann in Richtung Wildkälber verschoben sein), erhält man etwa 35 Schmaltiere. Addiert man die setzfähigen Tiere (118) und die 35 einwachsenden Schmaltiere, erhält man den weiblichen Frühjahrsbestand (mindestens 153 Alt- und Schmaltiere).

Wie oben erwähnt, ist in diesem Beispiel das Geschlechterverhältnis deutlich in Richtung des weiblichen Wildes verschoben. Wir nehmen an, dass es doppelt so viele weibliche Stücke als männliche im Adultfrühjahrsbestand (weiblicher Bestand + männlicher Bestand ohne Einjährige) gibt. In unserem Fall die Hälfte von 118, also 59 mehrjährige Hirsche. Zu diesen werden die 34 Schmalspießer addiert. Somit ergibt sich ein männlicher Frühjahrsbestand von 93. Das Geschlechterverhältnis ändert sich durch das Einwachsen der Einjährigen in Richtung 1 : 1,5. Nach Abschluss des Jagdjahres (zu hoher Anteil an Hirschen im Abschuss) liegt es wieder annähernd bei 1 : 2 (männlich : weiblich). Weiblicher und männlicher Bestand zusammen ergeben somit den Frühjahrsbestand (246 Stück Rotwild). Wird zum Frühjahrsbestand der Zuwachs (100 Kälber) dazugezählt, erhält man den zu bejagenden Sommerbestand (346 Stück).

und Zählergebnissen in den Revieren genauer auseinanderzusetzen. Es zahlt sich aus ...

In einem obersteirischen Revier sind die beschriebenen Vorgangsweisen der Zählung und Rückrechnung über fünf Jahre mit hoher Intensität praktisch erprobt und durchgeführt worden. Die gezählten und berechneten Werte lagen nahe aneinander (+/– 5 %). Die Abschussplanung konnte an einen entglittenen Rotwildbestand angepasst und umgesetzt werden. Ohne genaue und ehrliche Bestandserfassung wären die Erfolge in der Bestandsreduktion nicht möglich gewesen (siehe Kapitel „Beispiel Rotwildreduktion in einem Großrevier“).

WICHTIG | **Zählen und Ehrlichkeit**

Die wichtigste Grundlage für Zählungen ist die Ehrlichkeit. Hirsche (vor allem die oberen Jahrgänge) sollen nicht bewusst überschätzt und das Kahlwild, welches ohnehin schwerer zu zählen ist (weil es nicht individuell unterscheidbar ist), nicht absichtlich unterschätzt werden. Weder für das Rotwild noch für den Jäger sind solche Fehleinschätzungen mittel- bis langfristig von Vorteil.

Datenanalysen für nachhaltige Abschusshöhe

Übernutzung der Junghirsche?

Gegenüberstellung von Ideal- und Praxisbestand

Unterscheidung Schmal- und Alttier?

Mindestabschuss und Grünvorlage

Mehrjährige Abschussplanungen

Abschussplanung & Abschussszenarien

Überhöhte Rotwildbestände laufen in Zeiten der Reduktion leicht Gefahr, in ihren Strukturen zusammengeschossen zu werden. Kahlwildüberhänge werden oft nur unzureichend abgebaut, wohingegen der Hirschbestand deutlich reduziert und verjüngt wird, wodurch alte Hirsche zur Seltenheit werden.

Datenanalysen für nachhaltige Abschusshöhe

Hohe Zuwachsraten durch verschobene Geschlechterverhältnisse führen leicht zur Überschätzung der Hirschbestände bei der Abschussplanung. Ein Zeichen dafür ist, wenn die Freigabe von alten Hirschen so gut wie nie erfüllt wird. Vermeintliche ältere Hirsche werden im Rahmen der Bewertung der Mittelklasse zugeordnet, welche dadurch häufig überbejagt wird. In der Klasse III (inklusive Spießer) gibt es keine Einschränkungen, da man glaubt, in Reduktionszeiten einfach nur mehr Stückzahl erlegen zu müssen. Das erweist sich aber als erhebliche Fehleinschätzung. Indizien dafür, die aus den Abschussdaten über längere Zeit bei entsprechender Analyse herausgelesen werden können, müssen unbedingt bei der Abschussplanung berücksichtigt werden, um nicht mit der geplanten Wildstandsreduktion zu scheitern. Nur so können wir dem Rotwild langfristig in unserer Kulturlandschaft, unter Berücksichtigung der Wildschäden am Wald, seinen Platz sichern.

Eine nachhaltige Abschusshöhe (inklusive Fallwild) entspricht dem jährlichen Zuwachs und ist damit vom weiblichen Anteil der Populati-

Eine Übernutzung der Junghirsche hat langfristige Auswirkungen auf den Altersklassenaufbau des Hirschbestandes. Foto: H. Bretis

on abhängig. Gibt es jedoch das großräumige Interesse, den Rotwildbestand zu senken, ist ausschließlich der Abschuss des weiblichen Bestandes und der Kälber bei der Interpretation der Abschussergebnisse von Interesse. Schmalspießer und Hirsche der Klasse III sind Lückenfüller, welche oft nur hohe Abschussergebnisse quantitativ vortäuschen.

Übernutzung der Junghirsche?

Abschussrichtlinien gehen meist von geordneten („optimalen") Sozialstrukturen aus. Durch das mengenmäßige Heranziehen der letztjährigen Abschussergebnisse überschätzt man durch die Annahme eines ausgeglichenen Geschlechterverhältnisses den Hirschbestand. Die Folge ist, dass die Abschussfreigabe der höchsten Altersklasse (Klasse I) oft bei Weitem nicht erfüllt wird. Grund dafür ist eine über Jahre zu hohe Entnahmemenge bei den Junghirschen. Das langfristige Beobachten des Verhältnisses von Junghirschen (Schmalspießer und Hirsche der Klasse III) zu „ausgewachsenen" Hirschen (Klassen I und II) im Abschuss kann hier helfen, die Entwicklungen realistischer einzuschätzen und die richtigen Schlüsse und Konsequenzen für die Zukunft zu ziehen. Ein Anteil von über 80 % Junghirschen im Abschuss deutet auf oben Genanntes hin. Was heißt das für die Praxis? Obwohl bei der Hegeschau viele „Hirschl" und Spießerblättchen hängen, geht nicht unbedingt der Wildstand zurück, lediglich die ausgewachsenen Hirsche werden weniger. Bezüglich der Reduktionswirkung sind aber primär die Zuwachsträger und die Kälber von Interesse.

Die Abschussrichtlinien geben je Hirsch (I und II) zwei bis vier Junghirsche (67–80 %) vor. In der Praxis werden in einigen Gebieten schon

Obwohl bei der Hegeschau viele „Hirschl" und Spießerblättchen hängen, geht nicht unbedingt der Wildstand zurück. Nur die ausgewachsenen Hirsche werden weniger. Bezüglich der Reduktionswirkung sind nämlich primär die Zuwachsträger und die Kälber von Interesse.

sechs bis acht Junghirsche (85–89 %) pro ausgewachsenem Hirsch erlegt. Zusätzlich bewegen sich die erlegten Mittelklassehirsche nicht mehr im oberen Altersdrittel (acht bis neun Jahre), sondern sind vermehrt im unteren Bereich zu finden (fünf bis sechs Jahre; Verjüngung des Hirschbestandes). Die hohen Entnahmen in der Klasse III können aber nur deswegen erzielt werden, weil sich die Kahlwildbestände immer mehr aufgebaut haben und hohe Zuwächse leisten, die nun durch hohen jagdlichen Einsatz abgeschöpft werden müssen. Damit steigt der Jagddruck erheblich – ein Teufelskreis.

Hirsche der Klasse III

Die Sozialklassen Schmalspießer und mehrjährige Hirsche der Klasse III sind leichter zu bejagen. Schmalspießer sind einfacher anzusprechen und werden im Frühjahr bei größeren Kahlwildrudeln auch gerne herausgeschossen (keine Verwechslungsgefahr!). Schwache Maispießer werden öfters auch als Schmaltiere angesprochen, als solche erlegt und oft auch als solche gemeldet. Einige Monate später wird jener Spießer (am Abschussplan wegen der Falschmeldung noch frei) noch einmal erlegt …

Der Schmalspießer – leicht anzusprechen und zu bejagen

Der Schmalspießer ist wohl jene Sozialklasse beim Rotwild, welche am leichtesten anzusprechen und auch zu bejagen ist. War es vor Jahr-

Schmalspießer sind leicht anzusprechen und werden gerne aus größeren Rudeln herausgeschossen. Bei der Wildstandsreduktion muss man sich aber verstärkt auf weibliche Stücke konzentrieren, um den Zuwachs zu drosseln.

Fotos: A. Deutz

zehnten noch verpönt, einen solchen jungen Vagabunden zu erlegen, ist es in der heutigen Zeit, der Zeit der Wildstandsreduktion, gang und gäbe geworden.

Analysen aus unterschiedlichen Rotwildgebieten zeigen, dass mit einem vermehrten Abschuss der einjährigen Hirsche der Junghirschanteil in Bezug auf die erwachsenen Hirsche steigt. Dies kann einerseits auf einen steigenden Rotwildbestand, andererseits aber auch auf eine Übernutzung bei den Hirschen in der Jugendklasse hindeuten. Schmalspießer sind in Beständen mit Kahlwildüberhängen in großer Anzahl vorhanden. Meist sind die Kälberabschüsse zu gering und es wachsen viele Einjährige in den Bestand ein. Daraus resultiert auch die Frühjahrsbejagung. Im Mai und Juni werden diese mit wenig Erfahrung ausgestatteten Stücke erlegt (Ausnahme: nicht führende Tiere). Die unerfahrenen Stücke werden aus der Population entnommen, die erfahrenen allzu oft belehrt. Deshalb muss die Frühjahrsbejagung, so sie nötig ist, intelligent erfolgen, um den Gesamtjagderfolg über das ganze Jahr nicht nachhaltig zu schmälern (Erhöhung des Jagddruckes zu Beginn der Schusszeit).

Die Abschüsse der Schmalspießer und Schmaltiere erhöhen den Abschuss quantitativ und täuschen hohe Abschussergebnisse vor (nachgeholte Kälberabschüsse). Nicht die Gesamtzahl der Abschüsse soll als Interpretationsgrundlage für Rotwildabschüsse dienen, sondern deren Zusammensetzung. Während Reduktionsphasen liegt der Schwerpunkt der Bejagung am Kahlwild. Als Kahlwild wird in der Literatur das kahlköpfige Rotwild bezeichnet, also Tiere und Kälber. Somit sind auch die männlichen Kälber (werdende Hirsche) zu einem gewissen Teil im Kahlwildabschuss enthalten. Werden die Abschüsse bei den Kälbern und Tieren deutlich erhöht, soll bei der Abschusspraxis bei den Junghirschen zurückgehalten werden, um das ohnehin verschobene Geschlechterverhältnis schneller auszugleichen und um die Nachhaltigkeit der Hirschbejagung aufrecht zu erhalten.

Beispiel

Wird der Kälberabschuss in einem Gebiet um 20 Stück erhöht, so wachsen bei konstanten Verhältnissen etwa zehn Spießer weniger nach. Steigert man, wie so oft in solchen Phasen, den Abschuss von Spießern und Hirschen der Klasse III, darf man sich nicht wundern, dass es mit den ausgewachsenen Hirschen bergab geht. Der Rotwildbestand bleibt meist aufgrund einer Unternutzung des Kahlwildes konstant.

Die essenzielle Vorgabe liegt somit ausschließlich am weiblichen Geschlecht, um zunächst den Zuwachs und dann den Rotwildbestand zu reduzieren und die Bestandespyramide auszugleichen. Es ist also eine Strukturregulierung erforderlich.

Schmalspießer und Bewegungsjagden

Es sollte auch beachtet werden, welche Rolle der Schmalspießer bei größeren Bewegungsjagden spielt. Diese Art der Bejagung sollte hauptsächlich der **Bestandesregulierung** (also den Kahlwildabschüssen) dienen. Nicht selten fällt bei Riegeljagden jedoch eine höhere Anzahl an Spießern. Warum?

Am Beginn werden vom Jagdleiter die freigegebenen Stücke vorgetragen, darunter befinden sich, neben Tier und Kalb, meistens auch die Spießer und Hirsche der Klasse III. Die Stände werden bezogen, die Jagd beginnt und Treiber oder Hunde machen sich an die Arbeit. Es dauert nicht lange, da erscheinen auf einer Lichtung sechs Stück Rotwild, darunter ein Spießer. Die zwei Kälber verschieben sich hinter den Tieren. Es muss schnell gehen. Ohne lange anzusprechen, wird die Konzentration des Jägers auf den Schmalspießer gerichtet. Hier kann man nichts falsch machen. Jetzt steht er frei. Der Schuss bricht, das Stück zeichnet. Weidmannsheil. Die verbleibenden Stücke gehen hochflüchtig ab. Der Nachbarschütze ist nicht mehr in der Lage, einen gezielten Schuss anzubringen.

Dieses Verhaltensmuster im Unterbewusstsein des Jägers passiert nur allzu oft. Gut organisierte Riegler oder Bewegungsjagden nehmen sich durch Spießerfreigaben jedenfalls Potenzial, Regulierungsabschüsse beim Kahlwild durchzuführen. Wäre der Spießer nicht frei gewesen, hätte der Jäger vermutlich genauer angesprochen und vielleicht nach Erlegung eines Kalbes zusätzlich das zurückwechselnde Tier erlegen können. Daraus folgt, dass es bei Regulierungsjagden durchaus von Vorteil sein kann, den Schmalspießer nicht freizugeben.

Mehrjährige Hirsche der Klasse III

Der Abschuss der mehrjährigen Hirsche III beginnt wegen hoher Abschussvorgaben immer früher. So werden in vielen Revieren die Abschüsse dieser Klasse auch frühzeitig erfüllt. „Abschuss- oder Schadwildtöpfe" werden in dieser Klasse „aufgemacht", obwohl man oftmals beim Kahlwildabschuss den Vorgaben noch weit hinterherhinkt. Treten zusätzlich noch Wildschäden auf, erfolgt dann „zum Schutze der Land- und Forstwirtschaft" eine Übernutzung dieser Hirschklasse – wenn nicht gleichzeitig in anderen Gebieten (z. B. Hochalmen) der Abschuss der Junghirsche zurückgenommen wird. Zu hohe Entnahmen bei den Junghirschen gepaart mit einer meist nicht erkannten Unternutzung des Kahlwildes lassen den Junghirschanteil im Hirschabschuss nachhaltig steigen, während mittelalte und alte Hirsche zunehmend fehlen. Dies verhindert einen entsprechenden Bestand an mittelalten und alten Hirschen. Die ersehnte Reduktion des Rotwildbestandes tritt nur kurzfristig ein, mit der Konsequenz, einen vom Jagddruck „geprügelten", in der Sozialstruktur zerschossenen Rotwildbestand mit weiterhin starkem Kahlwildüberhang und dadurch hohen Zuwachsraten erzeugt zu haben.

Gegenüberstellung von Ideal- und Praxisbestand

Der „Lehrbuchbestand"

Abbildung 4 zeigt einen theoretischen Frühjahrsrotwildbestand von 200 Stück mit einem ausgeglichenen Geschlechterverhältnis. Das heißt, es gibt im Bestand jeweils 100 Hirsche und Tiere. Die roten durchgestrichenen Kästchen symbolisieren den Abschuss im kommenden Jagdjahr. Im Tierbestand gibt es 80 Alttiere und 20 Schmaltiere. Die 80 setzfähigen Tiere setzen bei einem angenommenen Zuwachs von 85 % etwa 68 Kälber (Annahme: 34 Hirsch- und 34 Wildkälber), die den nachhaltigen Abgang von 68 Stück Rotwild gewährleisten. 20 % des Hirschbestandes entfallen auf die Schmalspießer (20 Stück) und somit gibt es mit den Schmaltieren 40 einjährige Stücke im Gesamtbestand. Die Anteile an Hirschen der Klassen II und III sind in etwa gleich hoch. Beide Klassen zusammen machen etwa zwei Drittel des Hirschbestandes aus. Je nach Zielalter entnimmt man die Erntehirsche früher (zehn Jahre) oder später (zwölf Jahre). Dementsprechend unterschiedlich hoch ist der Prozentanteil der Hirsche I im Hirschbestand (8–15 %).

Der geplante Hirschabschuss verteilt sich theoretisch auf bis fünf Hirsche der Klasse I,

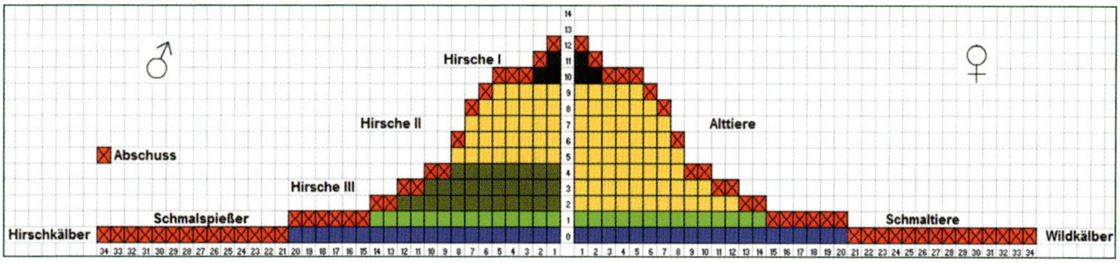

Abb. 4: Frühjahrsrotwildbestand von 200 Stück (zuzüglich zu erwartende Kälber) mit einem GV von 1 : 1 laut Lehrbuch

Bestand bei einem Geschlechterverhältnis von 1 : 1

Hirsch I	8–12 Stk. (12 %)		
Hirsch II	~ 34 Stk. (34 %)	Alttiere	~ 80 Stk. (80 %)
Mehrjährige Hirsche III	~ 34 Stk. (34 %)		
Schmalspießer	~ 20 Stk. (20 %)	Schmaltiere	~ 20 Stk. (20 %)
Nachwuchs (Kälber) ~ 68 Stk. (34 %)			

keinen bis maximal drei Hirsche der Klasse II und zwölf Hirsche der Klasse III (ein- und mehrjährig), das sind 60 % vom Hirschabschuss. Im Gesamtabschuss wären dies im obigen Beispiel 30 % Hirschanteil. In der Praxis sollte der Anteil jedenfalls etwas niedriger sein, da bei Hirschen höhere Ausfälle (Forkelverluste, Abwanderung, größere Einzugsgebiete) als beim Kahlwild zu erwarten sind.

Häufiger „Praxisbestand“

Abbildung 5 zeigt einen theoretischen Frühjahrsrotwildbestand von 200 Stück mit einem verschobenen Geschlechterverhältnis, nämlich 1 : 2. Das heißt, es gibt nur mehr ca. 66 Hirsche und rund 134 Tiere. Im Tierbestand gibt es etwa 106 Alttiere und 28 Schmaltiere. Der Zuwachs steigt um 32 % von 68 auf 90 Stück an. Diese 22 Stück mehr Zuwachs (im Vergleich zum vorigen Beispiel) müssen jagdlich zusätzlich abgeschöpft werden, um den Bestand gleich zu halten. Der Schmaltierabschuss im Gesamttierabschuss steigt von etwa 30 % auf 50 % an. Schmaltiere werden in erhöhter Zahl bei der Frühjahrsbejagung erlegt.

Der Hirschbestand hat sich verjüngt. Im Hirschbestand befinden sich fast 40 % Schmalspießer (idealerweise 20 %), die mehrjährigen

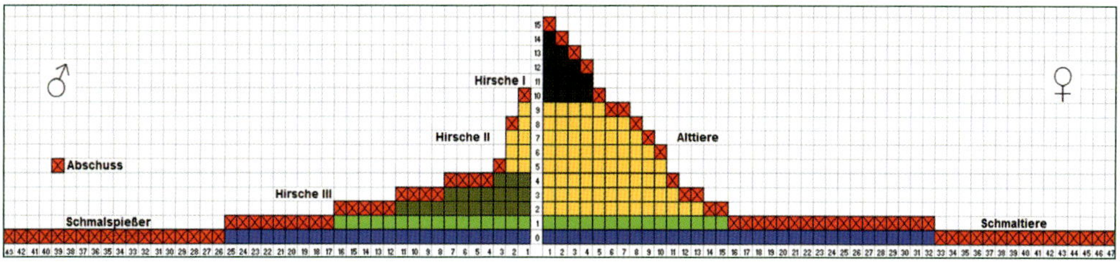

Abb. 5: Frühjahrsrotwildbestand von 200 Stück (zuzüglich zu erwartende Kälber) mit einem GV von 1 : 2

Grafiken: H. Bretis

Bestand bei einem Geschlechterverhältnis von 1 : 2

Hirsch I	~ 1–2 Stk. (2 %)		
Hirsch II	~ 9 Stk. (14 %)	Alttiere	~ 106 Stk. (74 %)
Mehrjährige Hirsche III	~ 32 Stk. (48 %)		
Schmalspießer	~ 24 Stk. (36 %)	Schmaltiere	~ 28 Stk. (26 %)
Nachwuchs (Kälber) ~ 90 Stk. (45 %)			

Hirsche III machen den größten Teil aus, die Mittelklasse ist deutlich unterrepräsentiert und Erntehirsche sind zur Seltenheit geworden. Um einen Hirsch der Klasse I zu erlegen, braucht man in diesem Beispiel etwa 200 Stück Rotwild, bei noch weiteren Geschlechterverhältnissen oftmals noch mehr. Der Junghirschanteil im Hirschabschuss klettert auf deutlich über 80 %.

Vergleich und Ergebnisse

Vergleicht man nun diese beiden Bestände, werden deutliche Unterschiede sichtbar: Die Anzahl der Erntehirsche im Abschuss ist **beim ausgeglichenen Bestand** fünfmal höher, bei einem geringeren Gesamtabschuss. Reduziert man diesen Bestand von 200 auf 100 Stück, also auf die Hälfte, können bei ausgeglichenem Geschlechterverhältnis und richtiger Abschusspraxis noch immer zwei bis drei Hirsche der Klasse I erlegt werden.

Der zusätzlich produzierte Zuwachs **im verschobenen Bestand** muss durch hohe jagdliche Bemühungen abgeschöpft werden (Jagddruck steigt unweigerlich, da 22 Stück mehr auf gleicher Fläche erlegt werden müssen). Um solche Bestände abzusenken, muss der Hirschanteil im Gesamtabschuss deutlich unter einem Viertel (25 %) liegen, besser ein Fünftel (20 %) betragen. Der Abschuss von Alttieren muss in dieser Zeit durch intelligente alternative Jagdmethoden gezielt erhöht werden, um aus der Spirale mit steigendem Jagddruck und erhöhten Abschussvorgaben herauszukommen. Der Kälberanteil ist im Abschuss ebenfalls anzuheben, um die hohen Zuwächse an der Basis abzubauen. Dies bedeutet, dass die Verantwortlichen schon vor Beginn der Schusszeit Überlegungen anstellen müssen, wie, wo und wann sie die Kahlwildregulierung in ihren Revieren ansetzen. Ein „planloses Hineinschießen" in teilweise größere Rudel im Mai mit höheren Alttieranteilen wird den jagdlichen Erfolg im laufenden Jagdjahr wohl deutlich schmälern. Lösen sich diese Rudel jedoch im Mai/Juni auf und kommen Trupps von Einjährigen in Anblick, sind gezielt Schmaltiere zu erlegen. In Zeiten hoher Abschussvorgaben wird man, obwohl jagdlich gebietsweise verpönt, auch nicht um den Juliabschuss von Kälbern und den dazugehörigen Alttieren herumkommen. Ziel muss es sein, so schnell wie möglich auf diese Maßnahme wieder verzichten zu können. Wer hier nicht reagiert, nimmt sich viel Potenzial und Zeit für eine schnelle Regulation entglittener Rotwildbestände.

Unüberlegtes Schießen reduziert langfristig nicht

Werden Rotwildbestände mit einem verschobenen Geschlechterverhältnis mit einer nicht strukturgerechten Abschussplanung bejagt und die Abschüsse von Hirsch und Tier parallel angehoben, so erhält man den in Abbildung 6 gezeigten Bestand. Trotz mengenmäßig hoher Abschüsse hat sich der Kahlwildüberhang nicht abgebaut. Der gesamte Rotwildbestand hat sich zwar geringfügig verringert, bleibt aber dynamisch und leistet nach wie vor hohe Zuwäch-

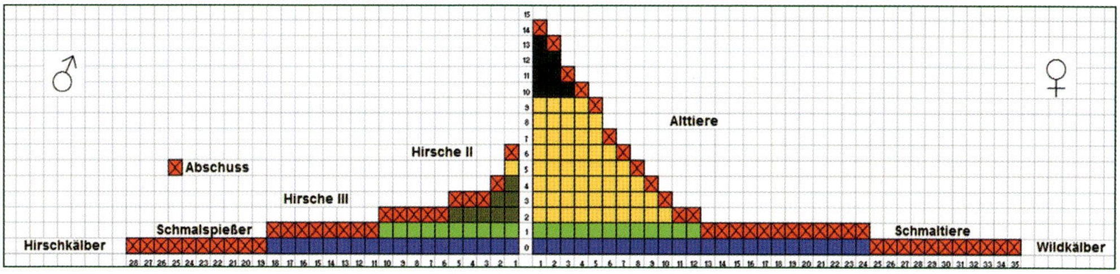

Abb. 6: Strukturell weiter verschlechterter Rotwildbestand (GV: 1 : 2,7) durch fortgesetzten „Standardabschuss" (1 : 1, siehe Abbildung davor) *Grafik: H. Bretis*

Bestand bei einem Geschlechterverhältnis von 1 : 2,7

Hirsch I	~ 0 Stk. (0 %)		
Hirsch II	~ 2–3 Stk. (5 %)	Alttiere	~ 76 Stück (76 %)
Mehrjährige Hirsche III	~ 17 Stk. (47 %)		
Schmalspießer	~ 18 Stk. (48 %)	Schmaltiere	~ 24 Stk. (24 %)
Nachwuchs (Kälber) ~ 64 Stk. (47 %)			

se (im Beispiel 64 Kälber). Der Hauptanteil im Hirschbestand besteht aus Hirschen der Klasse III, Hirsche II werden selten und Erntehirsche zum Zufallsprodukt.

Dies dürfte einer der Hauptgründe dafür sein, dass Reduktionsversuche in der Vergangenheit in unterschiedlichen Regionen nur kurzfristige Erfolge zeigten und die Bestände rasch auf höhere Niveaus steigen ließen. Den Abschuss einfach anzuheben, ist eine Symptombekämpfung, die vielleicht kurzfristig den Bestand senkt, jedoch das Problem in keiner Weise löst.

Die Frühjahrsbejagung auf Rotwild muss intelligent erfolgen, um den Jagddruck nicht unnötig zu erhöhen. Der Schuss in größere Rudel auf der Freifläche macht das Wild frühzeitig scheu.

Unterscheidung Schmal- und Alttier?

Großräumige Abschussübererfüllungen sind in Reduktionszeiten nachhaltig nur beim Nachwuchs und in den Nachwuchs produzierenden Klassen mittelfristig sinnvoll. Für exakte Analysen der Abschussstatistiken ist eine Unterteilung zwischen Schmal- und Alttier unbedingt erforderlich. Bei hohen Zuwachsraten, geringen Kälberabschussanteilen und verschobenem Geschlechterverhältnis steigt der Anteil an Schmaltieren im Abschuss der Tiere an. Dies bedeutet jedoch meist nur einen nachgeholten Kälberabschuss aus dem vergangenen Jagdjahr, der sich zwar auf die aktuelle Stückzahl des Bestandes reduzierend auswirkt, jedoch nicht auf den aktuellen Zuwachs, der von den Alttieren (inklusive beschlagene Schmaltiere) geliefert wird. Um derartige Entwicklungen frühzeitig zu erkennen und dementsprechende Gegenmaßnahmen zu setzen, bedarf es ehrlicher Streckenmeldungen, einer langfristigen Dokumentation und Analyse in den administrativen Planungseinheiten (Wildregionen). Somit wird das genaue Studieren und Verstehen von Abschussstatistiken über einen längeren Zeitraum zum zentralen Element.

WICHTIG **Differenzierung**

Die Differenzierung zwischen dem Alt- und dem Schmaltieranteil in der Abschusserfüllung ist ein zentrales Element der Abschussinterpretation. In Zeiten der Reduktion sollte je erlegtem Kalb ein Alttier erlegt werden. Eine jagdliche Herausforderung ...

Es gibt jedoch durchaus unterschiedliche Ansätze, um die Kahlwildabschüsse am Ende des Jagdjahres zu garantieren. Ziel sollte es jedenfalls sein, die Jagdzeiten intelligent für das jeweilige Jagdrevier zu nutzen. Ein frühzeitiges „Dahintersein" beim Abschuss beugt jedenfalls dem jagdlichen Stress gegen Ende der Schusszeit vor und vermeidet den allzu hohen Bedarf an Riegel- oder Stöberjagden. Abschussmöglichkeiten auf Kahlwild, die den Jagddruck nicht oder nur

Die Differenzierung zwischen dem Alt- und dem Schmaltieranteil in der Abschusserfüllung ist ein zentrales Element der Abschussinterpretation. Foto: S. Pirker

geringfügig erhöhen, sollten deshalb unbedingt auch schon im Sommer genutzt werden. Als Motivationshilfe könnten hier Mindestkahlwildabschüsse überlegt werden, bevor ein Hirsch freigegeben wird. Eine andere Möglichkeit besteht darin, die Jagdzeiten auf Ernte- und Mittelklassehirsche auf Anfang oder Mitte November zu verkürzen, um sich später auf Regulationsabschüsse konzentrieren zu können.

Kommt es zu lokalen aktuell gravierenden Wildschäden durch Rotwild, kann unabhängig davon klassenlos gejagt werden. Mittelfristig hat sich in Schadgebieten eine Koppelung (z. B. drei Stück Kahlwild mit einem Hirsch klassenlos) hinsichtlich der Bejagung der Zuwachsträger bewährt. Die einzelnen Entnahmen fallen großräumig auch nicht ins Gewicht.

Mindestabschuss und Grünvorlage

In Zeiten hoher Abschussvorgaben beim Kahlwild und unterschiedlicher Ziele scheint der **sanktionierbare Mindestabschuss** per Gesetz oder Verordnung wohl die einzige Möglichkeit zu sein, um großräumige Zielsetzungen auch zum Wohl des Rotwildes umzusetzen. Er kann auch **als Motivationshilfe** eingesetzt werden. Jene Jagden, welche sich ganzjährig um das Rotwild bemühen, ihre Kahlwildabschüsse konsequent erfüllen, den Hirschbestand intelligent bejagen und alternative Jagdstrategien entwickeln, werden kurz-, mittel- und langfristig davon profitieren.

Abschusszahlen sind mehr als nur trocken vorgetragene Tatsachen bei Hegeschauen und haben im langfristigen Betrachtungswinkel jedenfalls viel Aussagekraft. Die **Grünvorlage** ist hilfreich dabei, dass diese Zahlen auch ihre Richtigkeit haben. Ziel muss es sein, die wesentlichen Informationen aus den aufbereiteten Zahlen herauszulesen und zukunftsorientierte Lösungskonzepte für Wald und Wild regional umzusetzen.

Es sei noch einmal darauf hingewiesen, dass eine nachhaltige Erhaltung der Akzeptanz für diese faszinierende Wildart eine fachgerechte, zielorientierte und disziplinierte Bejagung und Regulation voraussetzt, frei nach dem Motto: „Weniger ist oft mehr!“

Mehrjährige Abschussplanungen

Mehrjährige Abschussplanungen bringen für kleinere Jagden im Reviersystem durchaus **Vorteile hinsichtlich der Freigabe von Hirschen** über Perioden. Beispielsweise könnte ein jagdbarer Hirsch freigegeben werden, wenn 15 bis 20 Stück Kahlwild (je nach Reduktionsbedarf) erlegt werden (Grünvorlage). Erlegt eine Jagd die Kahlwildstücke (Tiere, Kälber, nicht aber Spießer), wird ein weiterer Hirsch freigegeben. Fleißige Kahlwildjäger werden somit belohnt, da sie einen wesentlichen Beitrag in der Wildstandsregulierung leisten. Gebiete, in denen grundsätzlich weniger Kahlwild vorkommt (kann vorkommen), bekommen grundsätzlich einen Erntehirsch in jeder Jagdperiode (sechs oder zehn Jahre) frei. Somit können sich diese Jagden bei der Bejagung Zeit lassen und auf einen alten passenden Hirsch warten. Die anderen Jagden, die die Kahlwildstücke für diese Jagden miterfüllen, können sich trotz geringer Größe einen zusätzlichen Erntehirsch durch jagdlichen Fleiß verdienen. Das Ausmaß eines Jagdgebietes darf keine erhebliche Rolle für die Freigabe von jagdbaren Hirschen spielen, jedenfalls zu berücksichtigen sind aber die Kahlwildabschüsse der letzten Jahre.

Eine **mehrjährige Abschussplanung beim weiblichen Wild und bei den Kälbern** erweist sich als erheblicher **Nachteil**. Nicht erlegte Tiere bringen im kommenden Jagdjahr Zuwachs, nicht erlegte Wildkälber erhöhen den erforderlichen Tierabschuss (als Schmaltiere) und täuschen so eine hohe Erfüllung vor (nachgeholter Kälberabschuss). Damit bekommt man in der Abschussplanung eine Unbekannte, die nur schwer einzuschätzen ist. Sollte auch Kahlwild in mehrjährigen Abschussplänen vorkommen, ist anzuraten, jedenfalls Mindestabschüsse mit Grünvorlage zu verlangen. Die Tiere sind auf der Abschussliste in Alt- und Schmaltiere zu unterteilen.

Für die Abschussplanungen erweisen sich Zusammenfassungen von mindestens fünf Jagdjahren als sehr dienlich. In einer solchen Auswertung kann der Verantwortliche (Bezirksjägermeister, Hegemeister, Hegeringleiter, ...) in Form von Balkendiagrammen auf einen Blick feststellen, welche Jagden vermehrt Hirsche im Gegensatz zum Kahlwild erlegen.

Beispiel für eine Abschussanalyse

In diesem Beispiel sieht man eine Abschussanalyse von zwei verschiedenen Jagden. Die Abschüsse wurden über sechs Jahre zusammengezählt und in Hirsch, Tier und Kalb untergliedert. Die Abschusszahlen werden in Verhältniszahlen zum Hirsch gesetzt, um die Daten vergleichen zu können. Die Jagd 1 hat in den letzten Jahren doppelt so viele Tiere als Hirsche erlegt und mehr als eineinhalbmal so viele Kälber als Hirsche. Diese Jagd leistet einen wesentlichen Beitrag zur Wildstandsregulierung (Belohnung). Die Jagd 2 hat im mehrjährigen Durchschnitt deutlich mehr Hirsche als Tiere und Kälber erlegt. Hier wurden überproportional viele Hirsche erlegt und der Kahlwildabschuss bei Weitem nicht erfüllt. Bei der Abschussplanung müsste dies zukünftig berücksichtigt werden. Entweder sind dieser Jagd die Kahlwildstücke vorzuschreiben (Mindestabschuss) oder es ist bei den Hirschen deutlich einzusparen. Jagdbare Hirsche sind zu sperren. Die Wildschadenssituation ist in einem solchen Fall zu berücksichtigen! Durch diese Art der Abschussinterpretation wird die Abschussplanung transparent gemacht und die großräumige Bewirtschaftung für das Rotwild gefördert. Revieregoismen haben hier keinen Platz.

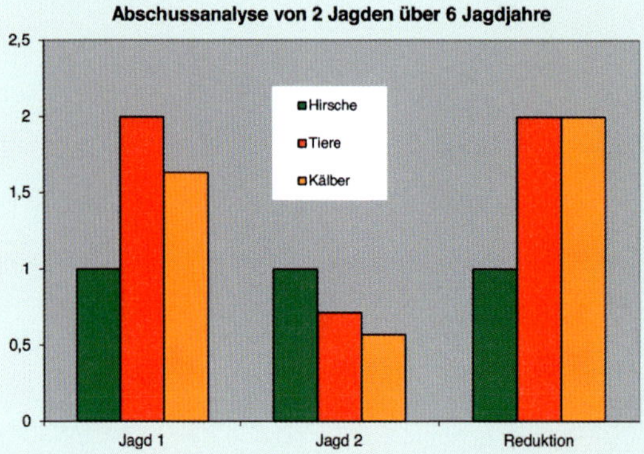

Abb. 7: Bei stark verschobenem Geschlechterverhältnis („zerschossenem Rotwildbestand") reichen Abschüsse nach Abschussrichtlinien nicht aus für eine angestrebte Reduktion.

Grafik: H. Bretis

Wildbretgewichte sollen uns interessieren …

Wildbretgewichte können neben dem Weiser der Lebensraumqualität auch wertvolle Informationen zu Änderungen der Wilddichte geben. Ist die Lebensraumkapazität erreicht, entstehen neben der Äsungskonkurrenz auch soziale Veränderungen in Rotwildrudeln (Großrudelbildung, schwächeres Wild entwickelt sich langsamer, verlängerte Brunft, spätere Setztermine usw.).

Das **Kälbergewicht** ist eine **bedeutende Kennzahl beim Interpretieren von Abschusszahlen** und -entwicklungen. In Reduktionsphasen, in denen beispielsweise auch Rotwildfütterungen aufgelöst werden oder worden sind und man keine Möglichkeit hat, das Wild an Fütterungen annähernd zu zählen, kann diese Art der Wilddichteinterpretation (Gewichtskontrolle) eine wesentliche Zusatzinformation darstellen.

Durchschnittsgewichte der erlegten Kälber können einen Hinweis auf die Wilddichte geben.

Foto: A. Deutz

Die Durchschnittswerte der Wildbretgewichte der Kälber von Oktober bis Dezember (je nach Schusszeitende) werden beispielsweise in einer Wildregion oder einem Hegegebiet errechnet und auf einer Zeitachse aufgetragen. Die Wildbretentwicklung ist bis Oktober größtenteils abgeschlossen und sistiert bei den Kälbern bis ungefähr in den Februar. Deshalb erscheint es sinnvoll, die Wildbretgewichte ab Oktober heranzuziehen. Wichtige Voraussetzung ist, dass die Wildbretgewichte auf gleicher Basis verglichen werden (z. B. aufgebrochen und ohne Haupt) und dass sie stimmen.

Natürlich unterscheiden sich die Jahre vor allem durch die unterschiedlichen Witterungen und Wetterverläufe. Damit verbunden ändert sich auch die Vegetationsentwicklung, die mit entscheidend für die Wildbretgewichte ist. Ausschlaggebend ist der langjährige Trend der Wildbretentwicklung (Änderung der Gewichte über mehrere Jahre). Sinkt das Wildbretgewicht der Kälber bei gleichbleibenden Lebensraumverhältnissen, kann davon ausgegangen werden, dass die Wilddichte im Steigen begriffen ist. Andernfalls kann ein deutliches Ansteigen der Wildbretgewichte ein Zeichen für eine Absenkung des Wildstandes sein.

In einem steirischen Gebirgsrevier konnte eindeutig gezeigt werden, dass bei einer Verringerung der Wilddichte um die Hälfte das durchschnittliche jährliche Wildbretgewicht der Kälber um etwa 20 % angestiegen ist. Die Wildbretgewichte der Kälber reagierten sehr schnell auf die Verringerung der Wilddichte.

Bei den Untersuchungen in der Obersteiermark zeigte sich auch, dass Hirschkälber deutlicher auf die Verringerung der Wilddichte reagierten als Wildkälber. Während in Phasen einer sehr hohen Wilddichte Hirsch- und Wildkälber annähernd gleich schwer waren, steigerte sich das Wildbretgewicht des männlichen Nachwuchses nach erfolgter Reduktion mehr als jenes des weiblichen Nachwuchses. Hirschkälber waren dann in dieser Region um 2–4 kg schwerer als Wildkälber.

WICHTIG **Qualität geht vor**

Schweres starkes Wild soll Ziel einer jeden nachhaltigen, zukunftsorientierten Hege sein. Dafür ist nicht die Menge, sondern die Qualität der Wildbestände von Bedeutung.

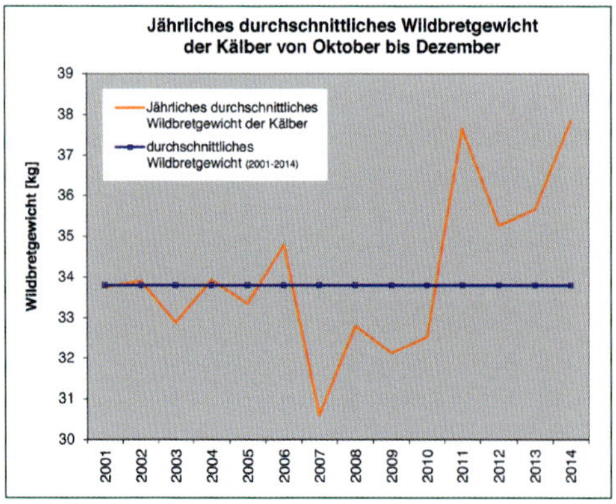

Abb. 8: Aufzeichnung der Kälbergewichte über 15 Jahre aus einem Jagdrevier (insgesamt 648 Kälber!): Nach Wilddichte-Absenkung (ab 2010) stiegen die Kälbergewichte an.

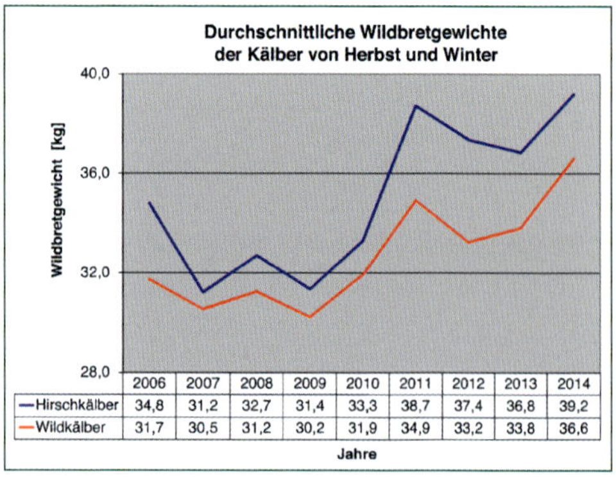

Abb. 9: Unterschiedlicher Verlauf der Gewichte der Hirsch- und der Wildkälber

Grafiken: H. Bretis

Gesäugeentzündung nach Verlust von Jungtieren?

Verwaiste Kälber

Immer wieder drehen sich Fragen rund um die Folgen von (frühen) Verlusten von Jungtieren für das Gesäuge der Muttertiere. Häufig wird behauptet, dass ein solcher Verlust durch Erlegung, Riss oder Verenden von Jungtieren zu schmerzhaften und auch manchmal tödlich verlaufenden Gesäugeentzündung (Mastitis) führen könnte.

Die Milchbildung erfolgt im Drüsengewebe des Gesäuges, das sich aus kugel- bis birnenförmigen Drüsenbläschen sowie den abführenden Milchgängen zusammensetzt. An der Innenwand der Drüsenbläschen liegen Drüsenzellen, in denen die Milchbildung stattfindet. Nur wenige Milchbestandteile werden unverändert aus dem Blut übernommen, der Großteil wird im Drüsenepithel produziert.

Während Junghasen meist nur einmal täglich gesäugt werden, säugen Rehgeißen ihre Kitze drei- bis elfmal und Rottiere ihre Kälber rund sechsmal pro Tag. Überraschend sind die hohen Milchmengen, die von Muttertieren täglich produziert werden. So haben starke Rottiere eine tägliche „Milchleistung" von 3–4,5 Litern und Rehgeißen von 0,7–1,7 Litern (Stubbe, 2012). In der Zeit zwischen den Säugephasen sammelt sich kontinuierlich Milch in den Milchbläschen, in denen der Druck ansteigt und Milch damit auch in die großen Milchgänge gelangt. Die Milchspeicherung erfolgt sowohl im milchbildenden als auch im milchabführenden Teil des Gesäuges. Die Hauptsäugezeit dauert beim Reh bis in den September, beim Rotwild werden Kälber bis in den Winter hinein gesäugt. Das Säugen hat nach den ersten Lebenswochen zunehmend die Funktion eines Sozialkontaktes und weniger eine Ernährungsfunktion. Die Milchabgabe ist ein neurohormonaler reflektorischer Prozess. Die Rezeptoren in der Zitzenwand werden mechanisch gereizt (ein Vorgang, der durch das Kopfstossen des Jungtiers gegen das Gesäuge nicht nur angeregt, sondern auch aufrechterhalten wird), dieser Reiz gelangt auf Nervenbahnen über das Rückenmark zur Gehirnanhangdrüse, von der das Hormon Oxytocin freigesetzt und mit dem Blutstrom ins Euter transportiert wird. Dieses Hormon bewirkt eine Kontraktion der Korbzellen um die Milchbläschen und damit wird die gespeicherte Milch in das Ausführungsgangsystem gedrückt.

Die Haupterklärungen für das wesentlich seltenere Auftreten von Gesäugeentzündungen bei Wildtieren gegenüber von Haustieren ist der gute Strichkanalschluss (= Schließmuskel), das meist sehr saubere Gesäuge und das Saugen lediglich durch das eigene Kalb / Kitz sowie der Wegfall des Vektors Melkmaschine. In 30 Jahren beobachtete ich lediglich einen Fall einer hochgradigen Gesäugeentzündung bei einer Gamsgeiß, die gleichzeitig aber infolge eines Parasitenbefalles abgemagert und abwehrgeschwächt war.

Die risikoreichste Zeit, an einer Gesäugeentzündung zu erkranken, wären die ersten drei bis vier Wochen nach dem Setzen, wo auch die größten Milchmengen gebildet werden. Gerade in dieser Zeit sind die Jungwildverluste besonders hoch, man denke nur an die Ausfälle bei Rehkitzen (Witterung, Fuchs, Mähkitze usw.). Der Milchstau bei Verlust des Kalbes bzw. Kitzes dauert wenige Tage bis zur Rückbildung des milchbildenden Gewebes. Der Verlust von Jungtieren bewirkt Folgendes: Durch das Wegfallen des Säugens steigt in den folgenden zwei bis drei Tagen der Gesäugeinnendruck. Wenn dieser den Blutdruck übersteigt, wird die Milchbildung eingestellt und in weiterer Folge werden die milchbildenden Zellen zurückgebildet. Fällt bei Mehrlingsgeburten nur ein Jungtier (z. B. Rehkitz) aus und das zweite säugt weiter, so hat das keine Relevanz für die Milchbildung.

Zusammenfassend kann also behauptet werden, dass der Verlust von Jungtieren in Wildpopulationen häufig vorkommt und dass dieser Verlust sehr selten mit negativen Auswirkungen auf das Gesäuge des Muttertieres einhergeht. Nach der Erlegung eines Muttertieres lässt sich mit an Sicherheit grenzender Wahrscheinlichkeit bestimmen, ob dieses geführt hat und ob es das/die Jungtier/e vor länger als rund fünf Tagen verloren hat. Lediglich zwei bis drei Tage nach dem Verlust des Jungtieres ist ein Milchstau vorhanden, der aber nicht sicher den Schluss zulässt, dass das Jungtier verloren wurde.

Zu den im Zusammenhang mit dem Thema „Milchstau" immer wieder diskutierten Jagdzeiten auf Rotwildkälber: In Österreich beginnt die Jagdzeit auf Rotwildkälber in den einzelnen Bundesländern zwischen 1. Juni und 1. August. Zumindest während einer Regulierungs- (bei verschobenem Geschlechterverhältnis) bzw. Reduktionsphase wird auf den früheren Beginn der Schusszeit auf Kälber und damit auf den möglich Abschuss von führenden Tieren auch nicht zu verzichten sein. Der Jagddruck über das Jahr sollte sich durch diese Maßnahme jedoch nicht verlängern. Veterinärmedizinisch und wildbiologisch spricht also nichts gegen einen frühen Jagdzeitbeginn auf Jungtiere, fatal ist aber jedenfalls der Abschuss führender Stücke für das überlebende Jungwild.

Verwaiste Kälber

Es ist höchst tierschutzrelevant, wenn ein führendes Tier erlegt wird und das dazugehörige Kalb nicht. Dabei geht es nicht nur um die Ernährungsfunktion des Säugens, sondern noch wesentlich länger um die soziale Komponente der Führung des Kalbes durch das Muttertier.

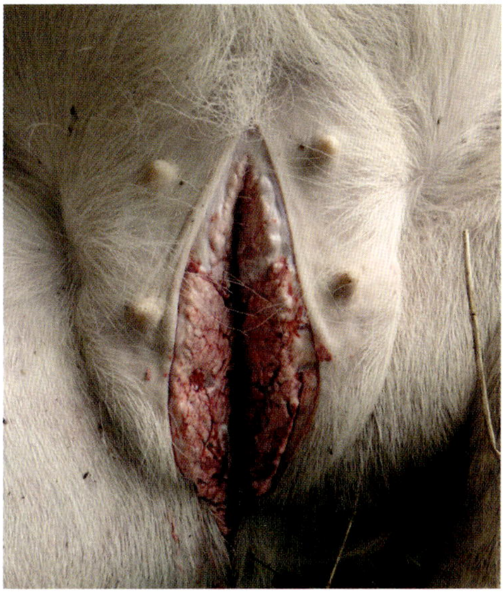 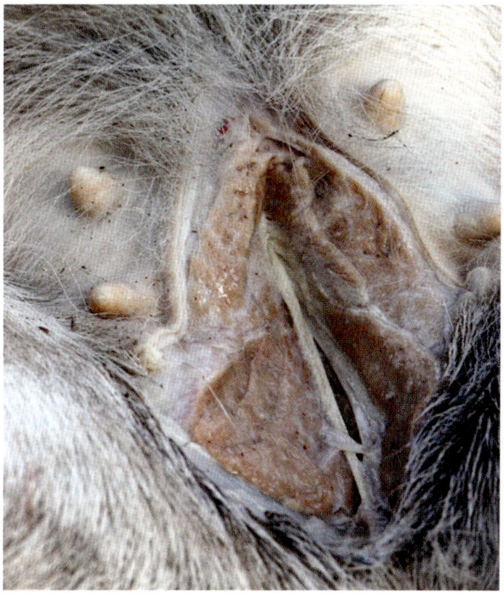

Links sieht man das Gesäuge eines säugenden Tieres und rechts eines Tieres, von dem das Kalb ein Monat davor erlegt wurde. Fotos: A. Deutz

Verwaiste Kälber entwickeln sich zu „Psychokrüppeln“ und werden von anderen Tieren abgeschlagen.

In den meisten Fällen ist es entweder mit freiem Auge oder mittels histologischer Untersuchung möglich zu bestimmen, ob ein Tier zum Erlegungszeitpunkt führend war oder nicht.

Krähenmann (1971) beschreibt in einer Arbeit über die Involution (Rückbildung) des Gams-, Hirsch- und Rehgesäuges sehr gut die verschiedenen Stadien der Laktation. Folgende fünf Stadien wurden definiert: **1** säugend, **2** noch säugend, **3** nicht mehr regelmäßig säugend (Übergangsstadium), **4** nicht mehr säugend (fortgeschrittene Involution) und **5** galt. Über diese Stadien im Laktationsverlauf verändert sich nicht nur das Gewicht des Gesäuges, sondern auch die Konsistenz und Struktur (Läppchenstruktur), das Aussehen und die Konsistenz des Sekretes sowie der histologische Befund. Das Sekret wird anhand seiner Farbe, Liquidität und Menge beurteilt. Gegen Ende der Laktation, oder auch wenn das Kalb erlegt wird, nimmt das Sekret rahmartige, zähflüssige Beschaffenheit an, mit zuerst gräulichem und später gelbem Farbton. Die Menge des Sekretes alleine ist nicht aussagekräftig, denn das Jungtier kann ja kurz vor der Erlegung noch gesäugt haben. Früher wurde in täuschender Absicht ein Fehlabschuss auch öfters noch „ausgemolken“. In der histologischen Untersuchung (feingewebliche Untersuchung von Gewebsschnitten unter dem Mikroskop) bereitet die Deutung bei uneingeschränkt laktierenden oder trockenstehenden (nicht laktierenden, oder „galten“) Gesäugen keine Schwierigkeit.

Bei einem Ausbleiben des Milchentzuges durch den Verlust des Kitzes betrifft die Rückbildung (Involution) von Anfang an sämtliche Drüsenbezirke. Die Milchbläschen (Alveolen) zeigen histologisch Dehnungserscheinungen infolge der Sekretstauung. Alveolen können auch gelegentlich reissen, wodurch sich größere Hohlräume bilden.

Wann ist ein Hirsch alt?

Altersschätzung beim Hirsch

Altersschätzung beim Kahlwild

Altersschätzung und -bestimmung beim Rotwild

Kaum eine andere Wildart wird durch den Menschen so stark beeinflusst wie das Rotwild. Haben Eingriffe wie Fütterung Auswirkungen auf die Populationsdynamik und warum erlegen manche Reviere immer wieder „uralte" Hirsche, während in anderen Regionen Hirsche mit zehn oder elf Jahren extrem selten sind? Diese und weitere Fragen werden im Folgenden behandelt.

Wann ist ein Hirsch alt?

Es ist sicherlich auch eine Frage der Wilddichte und Lebensraumressourcen, ob nun alte Hirsche in Gebieten vorkommen oder nicht, auch wenn dies stark von der Verteilung der Tiere im Raum abhängt. Meist wird das **Höchstalter im Freiland mit 18 Jahren** und in Gefangenschaft mit 20 Jahren angegeben. Allerdings gibt es auch Berichte von wesentlich älteren Tieren. So wurde ein bereits markiertes Tier im Schweizerischen Nationalpark im Alter von 25 Jahren wieder gefangen und in Schottland wurde ein Hirsch sogar 31 Jahre alt.

Somit stellt sich auch die Frage, ab wann ein Hirsch tatsächlich alt ist. Zieht man den Höhepunkt der Geweihentwicklung heran, der meist zwischen dem 11. und 14. Jahr erreicht wird, oder jenen Zeitpunkt, ab dem er nicht mehr in der Lage ist, aktiv an der Brunft teilzunehmen oder andere Hirsche abzuwehren? Interessant hierzu sind auch die Auswertungen

Das Erscheinungsbild und damit das Ansprechen von Hirschen sind auch abhängig vom jeweiligen Wuchsgebiet (links ca. sechsjähriger Berghirsch, rechts ca. neunjähriger Hirsch aus dem Alpenvorland). *Fotos: A. Deutz*

von Wildbretgewichten in einem großen Rotwildforschungsgebiet, bei denen im Vergleich zwischen zehn-, elf-, zwölf- sowie 13-jährigen und älteren Hirschen jene Stücke der letztgenannten Altersgruppe im Durchschnitt die höchsten Gewichte auf die Waage brachten. Bei einer Untersuchung im Harz waren bei Hirschen im Alter von neun bis 16 Jahren weder beim Körper- noch beim Geweihgewicht sowie bei der Geweihstärke Veränderungen zu beobachten. Gewichtsverluste durch die Brunft und den Winter konnten bis zum Alter von 16 Jahren bis zum Beginn der Brunft wieder vollkommen ausgeglichen werden.

Je nachdem, ab wann nun seitens der Jagd ein Hirsch als alt angesehen wird, können auch die altersmäßigen Strukturen innerhalb von Populationen oder Gebieten schwanken. Grundsätzlich sollten aber, bezogen auf die männlichen Stücke im Bestand, Hirsche der Klassen I und II mindestens 50 % ausmachen. **Gut strukturierte Bestände** weisen sogar **über 15 % an zehnjährigen und älteren Hirschen** auf. Dies führt einerseits zu einer wesentlich kürzeren Brunft und andererseits erfüllt es auch eine wichtige soziale Aufgabe, da sich brunftige Tiere bevorzugt von älteren Hirschen beschlagen lassen, die ein viel ruhigeres Werbeverhalten zeigen. Gibt es zu wenig reife Hirsche, werden die Tiere oftmals die gesamte Brunft umhergesprengt und nicht erfolgreich beschlagen, was zu Nachbrunften führt.

Bei den Tieren bleibt die ebenso wichtige Altersstruktur oftmals allerdings etwas graue Theorie, es können aber die Schmaltiere einen ganz guten Richtwert darstellen, welche um die 15 % des weiblichen Bestandes ausmachen sollten.

Altersschätzung beim Hirsch

Wie bei anderen Arten kann auch beim Rotwild zwischen einer **Altersansprache am lebenden** und einer **Altersschätzung am erlegten Stück** unterschieden werden. Die Altersansprache in freier Wildbahn wird durch das jeweilige Wuchsgebiet und, in Gebieten, in denen Rotwild gefüttert wird, durch Menge und Zusammensetzung der Fütterung stark beeinflusst. Abweichungen von den „typischen" Altersmerkmalen finden sich bei Gehegehirschen oder natürlich nach den früher gar nicht so seltenen Einkreuzungsversuchen mit anderen Hirscharten. Am erlegten Hirsch eignen sich Merkmale wie Zahnabrieb, Ersatzdentin- (Schneidezähne) bzw. Ersatzzementbildung (Molaren) im Zahnschliff, Rosenstockmaße oder Zahnhöhe zur Altersschätzung. Die Altersschätzung mittels Zahnschliff-Methode ist bei intensiv gefütterten Stücken schwieriger durchführbar, da es fütterungsbedingt zu keiner Stoffwechselreduktion und damit zu geringerer „Schichtung" der Ersatzdentin- bzw. Ersatzzementzonen kommt. Abwurfstangenserien erleichtern natürlich eine Altersschätzung bei bekannten Hirschen.

Einige Altersmerkmale zur Altersschätzung beim Rothirsch:

- **Gesamteindruck:** Wie auch beim Rehbock eignet sich der „Gesamteindruck" am besten für eine Altersschätzung. Bestehen Zweifel, ob es sich um einen Hirsch der Klasse I handelt, sind diese meist berechtigt. Gegenüber dem Rehbock findet man beim wirklich alten Hirsch doch regelmäßiger zuverlässige Altersmerkmale, wobei sich diese Merkmale aber von der Feistzeit über die Brunft bis in den Winter ändern. Altersmerkmale am lebenden Stück sind in erster Linie **Körperbau**, **Verhalten** und **Bewegung**. Ein reifer Hirsch wirkt allgemein ruhiger und sogar beim Kämpfen sehr überlegt. Die Trägerlänge erscheint durch den gleichmäßigen Übergang zum stark hervortretenden, starken Brustkern als sehr lang und die Vorderläufe wirken dadurch nach hinten verschoben. Zusätzlich trägt der reife Hirsch das Haupt nicht mehr hoch, auch der breite Äser und die Wamme werden markant. Ebenso weist ein Senkrücken, ein starker Widerrist und beim Feisthirsch der durchhängende Bauch, bis zu den Keulen hin verschoben, auf einen reifen Hirsch hin.
- **Gesichtsausdruck:** Das „Gesicht" des Hirsches ist, wenn man sich einmal etwas eingeschaut hat, ein gutes Altersmerkmal. Das kindlich verspielte und zutrauliche Gesicht des Spießers und Zweijährigen wird beim Drei- bis Vierjährigen „neugierig-beobachtend", ab dem fünften Lebensjahr wird der Gesichtsausdruck „draufgängerischer", später vorsichtiger, misstrauischer und bei alten Hirschen grimmig, mürrisch bis „feindselig". Bei

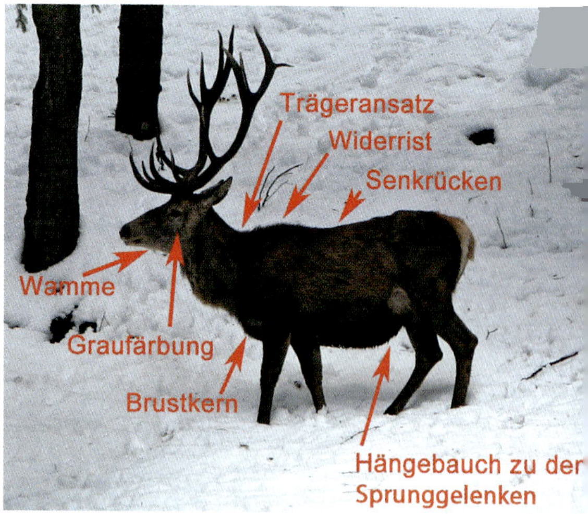

Typische „Alterszeichen" an einem 14-jährigen Hirsch Foto: G. Greßmann

Übersicht über Altersmerkmale beim Rothirsch

	Haupt	Träger	Körper	Verhalten
Schmal-spießer	Lang gestreckt, spitz	Sehr schlank, stark angewinkelt	Sehr schlank, wirkt hoch	Noch meist Bindung zum Muttertier
2-jähriger Hirsch	Noch lang wirkend	Stark angewinkelt	Masse gleichmäßig auf Vorder- und Hinterläufe verteilt, Rücken gerade	Oft im Rudel mit anderen Jung-hirschen
Junger Hirsch	Von der Seite dreieckig, schon „Hirschgesicht"	Schon stärker, noch aufwärts getragen, Mähne	Wirkt noch hoch-läufig, Rückenlinie leicht gewölbt	Oft im Rudel mit anderen Junghir-schen
Mittelalter Hirsch	Schon breiteres Haupt, von der Seite dreieckig, Wamme ange-deutet	Stark und breit, ab der Brunft stärkere Mähne, Träger sinkt nach unten, wird aber noch nicht waag-recht getragen	Ausgewachsen, gut bemuskelt, ange-deuteter Hänge-bauch (nicht bis in Sprungelenkshöhe reichend) und leichter Senkrücken, eckige Schlögel	Einzelgänger oder in kleinerem Rudel mit älteren Hirschen
Reifer Hirsch	Breit, kurz und „bullig" wirkend, starke Wamme, flach aufsitzende Rosen, bereits breiter Äser	Sehr stark, kurz wirkend, beim Ziehen Haupt und Träger waag-recht getragen, „Einsattelung" am Trägeransatz	Massiger Körper, Vorderläufe schei-nen „unter der Körpermitte" zu ste-hen, deutlicher Vor-schlag, starker Wi-derrist, Rücken nach hinten abfallend, Hängebauch bis auf Sprunggelenkshöhe, Senkrücken, runde Schlögel	Meist in Klein-rudeln
Alter, zurück-gesetzter Hirsch	Breit, knochig wirkend, graue Bereiche, breiter Äser, Haupt schwankt leicht beim Ziehen	Sehr tief getra-gen, oft schon Muskelschwund, deutliche „Ein-sattelung" am Trägeransatz	Knochig wirkend, Rückenlinie nach hinten abfallend, Hängebauch	Meist Einzelgän-ger, oft langsam und „müde" wirkend, steifer Gang, heimlich

Hirsch 2. Kopf

Hirsch 3. Kopf

Hirsch 5. Kopf

Hirsch 7. Kopf

Hirsch 8. Kopf

Hirsch 9. Kopf

Hirsch 10. Kopf

Hirsch 12. Kopf

Hirsch 16. Kopf Fotos: G. Ruhdorfer

überalten Hirschen, die auch schon körperlich verfallen, kann der Gesichtsausdruck wieder gleichmütiger und „duldsamer" werden, sie sind auch deshalb oft nicht immer leicht als „Greise" anzusprechen (Menzel, 2002).

- **Wamme** (weite „Kehlhaut", die an ein Doppelkinn erinnert): Die Wamme ist oft erst bei Hirschen im 12. Kopf voll ausgebildet. Sie lässt das Haupt kürzer und stumpfer erscheinen, kann in Einzelfällen aber auch fehlen.
- **Geweih:** Viel zuverlässiger als beim Rehbock können einzelne Kriterien am Hirschgeweih als Mitkriterium zur Altersansprache verwendet werden. Vorrangig der Winkel der Rosen, die Verteilung der Masse nach unten sowie eine abnehmende Rosenstockhöhe können zur Altersansprache verwendet werden. Stangenlänge und Länge der Aug- und Eissprossen sind größtenteils keine sicheren Zeichen des Alters. Ein stark zurückgesetztes Geweih in Verbindung mit geringem Körpergewicht kann unter Umständen auf den ersten Blick auch einen deutlich jüngeren Hirsch vortäuschen.
- **„Eingesattelter" Trägeransatz:** Ein „eingesattelter" Trägeransatz, also eine Einsenkung zwischen Widerrist und Träger, ist ein recht verlässliches Altersmerkmal für Hirsche der Klasse I.
- **Zeitpunkt des Verfärbens:** Ein Hirsch, der am Ende der Brunft noch „hirschrot" ist, ist bei Vorliegen weiterer Altersmerkmale meist ein reifer Hirsch oder, bei Fehlen weiterer Merkmale, möglicherweise krank. Es gibt aber auch Jahre, in denen zur Brunftzeit noch ein erheblicher Teil jüngerer Hirsche rot ist.
- **Zeitpunkt des Verfegens:** Ältere Hirsch haben Anfang August ein fertig verschlagenes Geweih, zusätzlich müssen aber auch weitere Alterskriterien erfüllt sein.
- **Allfällige weitere Merkmale:** Ein Altersmerkmal, auf das nur selten geachtet wird, sind die im hohen Alter häufig auftretenden Gelenksbeulen. Die öfters als Altersmerkmal genannten Stirnlocken stellen hingegen kein zuverlässiges Zeichen der Reife dar. Ebenso können auch junge Hirsche besonders gegen Ende der Brunft eine tiefe Stimme haben und die Ramsnase ist mehr Veranlagung oder die Folge von Verletzungen als ein sicheres Altersmerkmal. Die sogenannten Kälberflecken sind genetische Veranlagungen und können von jung bis ins hohe Alter ersichtlich sein.

Altersschätzung beim Kahlwild

Absolute Priorität beim Ansprechen von Tieren hat das Merkmal „führend" oder „nicht führend" und dazu ist der **Blick auf das Gesäuge** unbedingt notwendig. Auch von geübten Rotwildkennern könnte bei einer Bewegungsjagd ein starkes Schmaltier mit einem schwachen, jungen führenden Tier verwechselt werden.

Bezüglich der Altersansprache ist das Haupt alleine kein vollkommen verlässliches Altersmerkmal. Wirklich alte Alttiere haben ein langes, helles, „trockenes" Haupt („Geigenkasten"), oft mit weißhaarigen Bereichen um den Äser, oberhalb der Lichter und an den Lauschern. Grundsätzlich sollten auch hierzu wieder der **Körperbau** und das **Verhalten** herangezogen werden. Stark hervortretender Brustkern, Senkrücken und tiefer, durchhängender Bauch weisen auf ein altes Tier hin. Weiters sind ein langer dünner Träger, hervorstehende Beckenknochen sowie bei führenden Tieren oft ein schwach entwickeltes Gesäuge Altershinweise. Insgesamt wirken Alttiere im Vergleich zu jüngeren Tieren großrahmiger und im hohen Alter oft knochiger.

Das Leittier in größeren Kahlwildrudeln ist in der Regel ein führendes Tier. Diese Tiere sind hauptverantwortlich für das Raum-Zeit-Verhalten eines Rudels und bestimmen damit auch den Schadensdruck, der von diesem Rudel ausgeht, mit. Wenn von einem Leittier das Kalb erlegt wird, verliert es häufig die Leittier-Funktion und das Rudel verändert danach meist sein Raum-Zeit-Verhalten oftmals hin zu Einständen mit besserem Sichtschutz (schadensanfälligere Einstände?).

Das Ansprechen von Kälbern nach ihrem Geschlecht ist bei gutem Licht und aus nicht zu großer Entfernung mittels „Kälberblick“ möglich (siehe nächstes Kapitel).

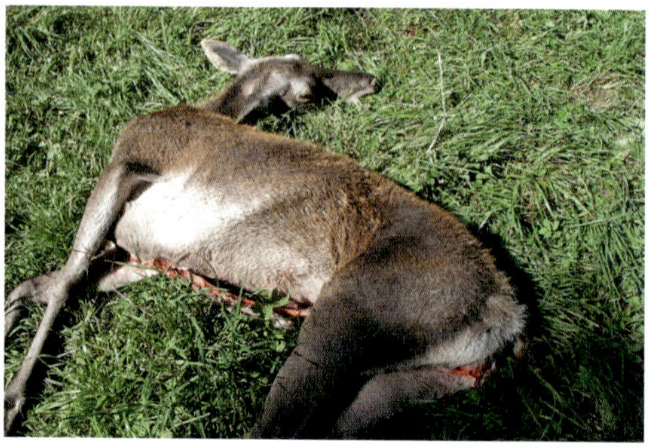

Rottier, ca. 18 Jahre alt, mit stumpfer Decke und weißen Arealen am Haupt

Tier, Schmaltier und Kalb (von links): Körperstärke und Hauptlänge sind schnelle Ansprechmerkmale.

Fotos: A. Deutz

Rotwildreduktion braucht Wahl-abschuss

Ermittlung des Ausgangsbestandes

Ansprechen einmal anders – „Kälberblick“

Das „umtypisierte“ Schmaltier oder der „Schmaltierspießer“

Wer Rotwild reduzieren will, muss sich mit den Strukturen des Ausgangsbestandes beschäftigen, um nicht nach einigen Jahren durchgeführter vermeintlicher Reduktion zu resignieren. In der Obersteiermark wurde eine Rotwildreduktion über fünf Jahre begleitet. Die Ergebnisse zeigen, dass es deutliche Anpassungen in der Abschussplanung braucht, um Rotwildbestände nachhaltig zu reduzieren. Wissenschaftliche Erkenntnisse gepaart mit praktischem Hausverstand wurden in die Praxis umgesetzt und zeigen erste Erfolge zum Wohle des Rotwildes und Lebensraumes.

Ermittlung des Ausgangsbestandes

Eine genaue Erhebung des Rotwildbestandes ist nicht nur für den durchschnittlichen Jäger nahezu unmöglich. Die Abschusszahlen der letzten Jahre sowie die Zusammensetzung der Strecke können jedoch sehr gute Informationen hinsichtlich der vorhandenen Strukturen im Rotwildbestand geben.

Die Abschussplanung geht in den meisten Fällen von einem Geschlechterverhältnis von 1 : 1 aus. Deutliche Untererfüllung der Erntehirsche, ein hoher Schmaltieranteil am Gesamt-Tierabschuss, Übererfüllung bei Junghirschen (Klasse III) und kein zu verzeichnender Rückgang beim Fütterungsstand sind, wie bereits erklärt wurde, eindeutige Indizien dafür, dass der Rotwildbestand in Richtung weibliches Wild verschoben ist. Betrachtet man die Abschussergebnisse einzelner Bundesländer, fällt auf, dass der Hirschanteil im Gesamtabschuss trotz steigender Rotwildabschüsse auch in Reduktionsphasen nahezu ein Drittel beträgt. Dies bewirkt ein Ansteigen des Junghirschanteiles im Hirschabschuss – es kommt zu einer Verjüngung des Hirschbestandes, während der Kahlwildüberhang nicht abgebaut werden kann. Kurzfristig sinkt zwar der Gesamtbestand, verliert jedoch nicht an Dynamik durch das weibliche Wild (hohe Zuwachsrate!). Geringere Sichtbarkeit durch erhöhten Jagddruck und wenige Erntehirsche im Abschuss lassen die Motivation der Verantwortlichen schnell sinken und der Rotwildbestand baut sich hinter der Abschussplanung erneut mit einem Kahlwildüberhang auf. Lange Reduktionsphasen sind damit zum Scheitern verurteilt. Auf den Punkt gebracht: Übernutzung des Hirschbestandes und Unternutzung des Kahlwildes sind die Folge.

Die geschilderte Ausgangssituation braucht eine **veränderte Abschussplanung in der Reduktionsphase**. Nur den Abschuss anzuheben, ist viel zu einfach und kann die Situation innerhalb des Bestandes verschärfen und das Geschlechterverhältnis noch weiter zugunsten des weiblichen Wildes verschieben. Häufig wird auch ein verstärkter Abschuss der Kälber und Einjährigen gefordert. Hier ist die Alterspyramide am breitesten und hier kann auch dementsprechend stark eingegriffen werden.

Der **Fokus bei der Rotwildreduktion** liegt **beim weiblichen Wild**. Rotwildpraktiker, vor allem Berufsjäger, die sich das ganze Jahr über intensiv mit dieser Wildart beschäftigen, sind in der Lage, das Geschlecht der Kälber und der Einjährigen im Frühjahr (Schmalstücke) mit hoher Wahrscheinlichkeit zu bestimmen. Die Erkenntnisse, die über Jahre genauer Beobachtungsgabe einzelner Berufsjäger und Rotwildspezialisten gesammelt wurden, können gezielt eingesetzt werden, um in Reduktionsphasen schneller den gewünschten Erfolg zu erzielen. Kälber und einjährige Stücke (bis Ende Mai) sind für den Durchschnittsjäger kaum unterscheidbar. Es bleibt dem Zufall überlassen, ob ein Hirsch- oder Wildkalb im Herbst und Winter oder ein Schmalspießer (falls noch keine Spieße geschoben) oder Schmaltier im Mai erlegt wird. Hat der Jäger jedoch die Möglichkeit, recht sicher das Geschlecht der Nachwuchsstücke mithilfe des „Kälberblicks" zu erkennen, wird er in Reduktionsphasen selbstverständlich das Wildkalb bzw. das Schmaltier erlegen.

Ansprechen einmal anders – „Kälberblick"

Durch das Nässen des weiblichen Wildes verfärbt sich die Innenseite der Hinterläufe durch den Harn ockergelb bis bräunlich und ist damit ein eindeutiges Erkennungsmerkmal auf kurze und mittlere Distanz bei guten Lichtverhältnissen. Hirschkälber und Schmalspießer im Mai sind an der Innenseite der Hinterläufe weiß bis hellgrau, da diese den Harn über die Brunftrute an der Bauchunterseite absetzen. Ziehen in den abschussintensivsten Monaten nach der Brunft (Oktober, November) mehrere Stücke Kahlwild aus, kann der erfahrene Jäger nach sorgfältigem Ansprechen gezielt das Wildkalb erlegen und nicht jenes, welches als Erstes „brettlbreit" steht. So könnte schon in der Kälberklasse vermehrt in den weiblichen Bestand eingegriffen werden.

Durch die breite Basis in dynamischen Rotwildbeständen genügt selbst ein erhöhter Kälberabschuss nicht, um die Jahrgänge

Mit dem „Kälberblick“ („Fesselblick“) kann mit hoher Wahrscheinlichkeit das Geschlecht der Kälber unterschieden werden (links Hirschkalb, rechts Wildkalb). Foto: A. Deutz

ausreichend zu reduzieren. Deshalb ist eine geschickt überlegte und geplante Frühjahrsbejagung unverzichtbar. Auch hier erweist sich der „Kälberblick“ als verlässliches Unterscheidungsmerkmal, wenn mehrere Stücke auf die Schwerpunktbejagungsflächen ziehen.

Das „umtypisierte“ Schmaltier oder der „Schmaltierspießer“

Wird ein Schmalspießer als vermeintliches Schmaltier erlegt, wurde/wird er in manchen Fällen bei der Meldung zu einem Schmaltier „umtypisiert“. Diese in der Praxis vorkommenden Falschmeldungen fallen den wenigsten auf. Das „Spießerblättchen“ (Trophäe des Schmalspießers im Mai) braucht man nicht für die Trophäenschau auszukochen und der vorgeschriebene Kahlwildabschuss wird dadurch leichter erfüllt. Die Grünvorlage müsste als kontrollierendes Instrument eingesetzt werden, um Falschmeldungen zu verhindern. Was aber passiert, wenn ein Schmalspießer als „Schmaltier“ erlegt wird?

Vorerst liegt ein Stück Rotwild, man freut sich über einen gelungenen erfolgreichen Jagdtag, versorgt das Wildbret und bringt es in die Wildkammer. Weidmannsheil! Aber trotzdem meldet man das Stück als Schmaltier, weil ... Im Hintergrund aber trägt dies deutlich zur „Rotwildspirale" bei. Eine lässliche Sünde oder eine „Doppellüge"? Man hat ein Stück mehr in der Kahlwilderfüllung und der noch am Abschussplan stehende Schmalspießer wird unter Umständen im Herbst zusätzlich noch einmal erlegt. Der ohnehin schlecht strukturierte Hirschbestand (keine alten Hirsche) wird an der Basis geschröpft und die nötige und meist zu kurz gegriffene Kahlwildregulierung (vor allem Alttiere) setzt nicht ein. Man verschleppt die Problematik und das weite Geschlechterverhältnis wird unbewusst nochmals erweitert.

„Geschlechterspezifische Unschärfen" in der Abschussmeldung (Schmaltier anstatt Schmalspießer) verfälschen Statistiken, kommen aber bei exakter Analyse der Daten ans Tageslicht.
Foto: A. Deutz

Ein theoretisches – aber praktisch relevantes – Rechenbeispiel

Annahme: Wird ein Schmalspießer zu einem Schmaltier „umtypisiert" und das somit nicht erlegte Schmaltier im Herbst erfolgreich beschlagen, setzt es zu rund 70 % im folgenden Frühjahr ein Kalb. Dieses Kalb ist entweder ein Hirschkalb oder ein Wildkalb. Tier und Kalb werden im laufenden Jagdjahr nicht erlegt, das nunmehrige Alttier wird wieder erfolgreich beschlagen und setzt nun mit 85%iger Wahrscheinlichkeit wieder ein Kalb. Das vorjährige Kalb war zu 50 % (Annahme) ein Schmaltier und wird im Herbst zusätzlich zu seiner Mutter erfolgreich beschlagen usw.

Im zehnten Jahr ergibt sich mit einer bereits einberechneten Fallwildrate von 3 % folgendes Ergebnis: Der Wildstand kann sich nach einmaliger (!) Falschmeldung um 34 Stück, der Tierbestand um zwölf Stück (davon drei beschlagene Schmaltiere) und der Zuwachs (Kälber) um zehn Stück steigern. Der Bestand wächst hinter der Abschussplanung deutlich weiter. Wird in einer Wildregion zum Beispiel alljährlich nur ein Schmalspießer „umtypisiert", wächst der Bestand um theoretisch 78 Stück in zehn Jahren mit der gleichen Berechnungsmethode. Eine Falschmeldung Hirschkalb/Wildkalb provoziert natürlich mit einjähriger Verzögerung dieselben Folgen.

Das Formen und Verformen von Rotwildbeständen

Strukturregulierungs-
abschuss

Die Jagd beeinflusst die Rotwildbestände in ihrer Höhe und Zusammensetzung. Schlussendlich entscheiden Abschusshöhe und Zusammensetzung über die Altersstruktur, das Geschlechterverhältnis und damit verbunden die Bestandesdynamik. Nachhaltige Wildbewirtschaftung sollte sich an den Ansprüchen der Wildarten orientieren und nicht an jagdlichen Interessen. Gut strukturierte Rotwildbestände leisten bei geringerer Wilddichte hohe Jagdwerte. Dafür ist ein **ausgeglichenes Geschlechterverhältnis** die **Voraussetzung**.

Praktisch heißt das, dass bei einem Rotwildbestand von 100 Stück 50 Hirsche vorhanden sind, davon 20 bis 25 Hirsche vom 4. Kopf oder älter. Dies gibt es nur in sehr professionell geführten Jagden (Berufsjäger). Der Rotwildbestand leistet bei einem hohen Jagdwert nur geringe Zuwächse (keine Kahlwildüberhänge) und ist jagdlich leichter zu organisieren. Man kommt mit kürzeren Jagdzeiten aus, da man keine hohen Abschüsse in der Jugendklasse zu erledigen hat. Dies minimiert den Jagddruck, fördert die Sichtbarkeit des Wildes und entschärft das Risiko von Wildschäden.

Strukturregulierungsabschuss

Um entglittene, im Geschlechterverhältnis verschobene Rotwildbestände nachhaltig zu regulieren, braucht es einen sogenannten Strukturregulierungsabschuss. Darunter versteht man einen deutlich von den herkömmlichen Abschussrichtlinien abweichenden **starken Eingriff bei den Zuwachsträgern** bei weitgehender Schonung des Hirschbestandes. Die Maßnahme ist ein effektives Instrument in der Rotwildreduktion, um den Jagdwert zu erhalten.

Anhand von zwei grafischen Beispielen sollen die unterschiedlichen Abschusszusammensetzungen plakativ verdeutlichen, wie sich die Rotwildbestände durch die verschiedenen Abschüsse verändern.

Beispiel 1 – Abschussszenario für ausgeglichene Bestände

Bei dieser Abschusszusammensetzung werden **Hirsche, Tiere und Kälber annähernd zu gleichen Teilen** entnommen (= Drittelparität). Dies entspricht der Planungsgrundlage der vergangenen Jahre in weiten Teilen Österreichs. Dieses Abschussszenario ist **für ausgeglichene Geschlechterverhältnisse ausgelegt**, für verschobene jedoch absolut unpassend, da es das Geschlechterverhältnis weiter zugunsten des weiblichen Wildes verschiebt und den Hirschbestand verjüngt.

In einem Rotwildbestand beträgt das **Geschlechterverhältnis jedoch 1 : 2**, es gibt also doppelt so viele weibliche wie männliche Stücke. In der Abbildung auf Seite 114 sind die Hirsche in grüner, die Tiere in roter und die Kälber (Nachwuchs) in gelber Farbe dargestellt. In diesem Beispiel wird von einer Abschusserfüllung von 100 % ausgegangen. Wird dieser Rotwildbestand mit dem Abschuss, der sich an der Drittelparität (gleich viele Hirsche wie Tiere und Kälber) orientiert, reduziert, wird der Hirschbestand deutlicher abgesenkt als jener der Tiere. Das Geschlechterverhältnis verschiebt sich noch deutlicher in Richtung weibliches Wild, obwohl der Bestand geringfügig abgesenkt wurde. Die Dynamik wird verschärft und das Zuwachsprozent bezogen auf den Gesamtbestand steigt (Zuwachs kann um bis

Sowohl bei der Reduktion als auch bei der Strukturregulierung (verschobenes Geschlechterverhältnis) ist dem Kahlwild das Hauptaugenmerk zu widmen. *Foto: A. Deutz*

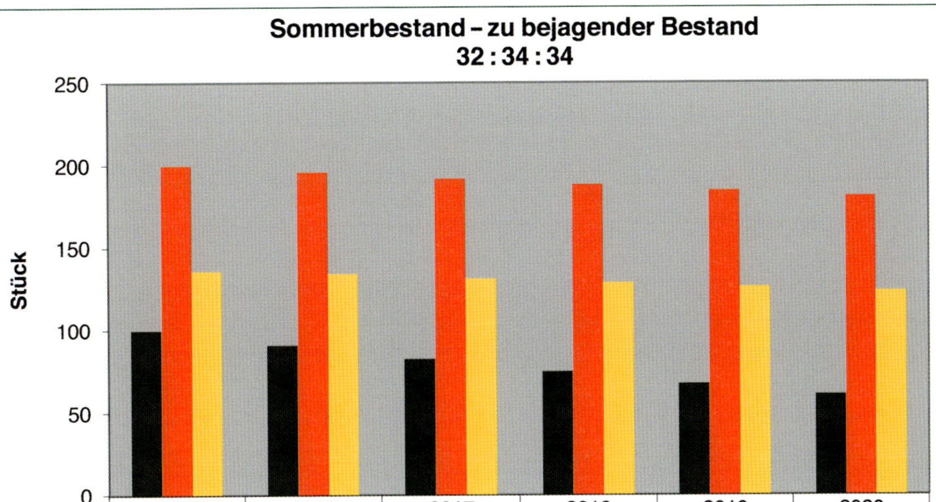

	2015	2016	2017	2018	2019	2020
■ Hirsche	100	91	82	75	67	61
■ Tiere	200	196	192	188	185	181
■ Kälber	136	134	131	129	126	124

Grafik: H. Bretis

Abb. 10: Bei einem Reduktionsabschuss nach der „Drittelparität" (Abschussszenario 32 : 34 : 34) sinkt in einem Bestand mit verschobenem Geschlechterverhältnis (GV) der Hirschbestand deutlicher als jener der Tiere. Innerhalb von sechs Jahren wird das GV von 1 : 2 auf 1 : 3 weiter verschoben und der Zuwachs verringert sich nur um weniger als 10 %.

zu 50 % des Gesamtbestandes steigen). In Zahlen betrachtet wird der Hirschbestand in einem Zeitraum von sechs Jahren von 100 Stück auf 61 abgesenkt (– 39 %). Der Bestand der Tiere minimiert sich in der gleichen Zeitspanne um lediglich 19 Stück, das sind weniger als 10 %. Viel interessanter erscheint jedoch die Entwicklung des Nachwuchses, da dies der nachhaltigen Abschusshöhe entspricht. Der Nachwuchs wird trotz hoher jagdlicher Bestrebungen nur geringfügig weniger. Während der Reduktionsphasen steigt zudem unweigerlich der Jagddruck und das Wild wird zunehmend unsichtbarer.

Zusammenfassend bringt dieses Abschussszenario sehr viel **Dynamik in schlecht strukturierte Rotwildbestände**, senkt diese nicht nachhaltig ab, sondern lässt die Bestände mittelfristig wieder schneller ansteigen. Der Hirschbestand verjüngt sich, alte Hirsche werden zur absoluten Seltenheit und der Jagdwert sinkt damit unweigerlich. Zusätzlich wirkt sich eine schlechte Bestandesstruktur negativ auf das Rotwild aus (lange Brunft, körperliche Entwicklungen, ...).

Beispiel 2 – Strukturregulierungsabschuss

Derselbe Rotwildbestand wird in Beispiel 2 mit dem sogenannten **Strukturregulierungsabschuss** über sechs Jahre bejagt. Die Abschusszusammensetzung erfolgt nach der Aufteilung 20 % Hirsche, 40 % Tiere und 40 % Kälber, d. h. jeweils doppelt so viele Tiere und Kälber als Hirsche. Auf einen erlegten Hirsch kommen vier Stück Kahlwild. Betrachtet man die Entwicklung über die sechs Jahre hinweg (Abbildung 11), so erkennt man, dass der Hirschbestand gleich bleibt bzw. geringfügig steigt. Der Bestand des weiblichen Wildes hat sich um etwas mehr als ein Drittel abgesenkt, der des Nachwuchses um mehr als ein Drittel. Trotz der sehr hohen Entnahmen beim weiblichen Wild gelingt es in sechs Jahren noch nicht, das Geschlechterverhältnis auszugleichen. Entweder man verlängert den Zeitraum auf acht Jahre oder man entnimmt in den besagten sechs Jahren noch mehr weibliches Wild (Hirschprozent 15–20 %). Durch das merkliche Absenken des Nachwuchses und somit der Abschusshöhe kann der Jagddruck während der Reduktionsphase minimiert werden, da nicht mehr so viele Stücke auf derselben Fläche erlegt werden müssen. Dadurch können Handlungsspielräume für den Jäger geschaffen werden. Beispielsweise kann die ohnehin lang andauernde Jagdzeit verkürzt werden, Ruhezonen können geschaffen werden, um dem Wild trotz restriktiver Reduktionsmaßnahmen in gewissen, nicht wildschadensgefährdeten Gebieten Ruhe zu gewähren. Dies nimmt Druck vom Wald, vom Wild und vor allem vom Jäger, der über lange Zeit die Reduktion durchführen musste.

Zusammenfassend ist der Strukturregulierungsabschuss eine **nachhaltige Maßnahme in Reduktionsphasen,** die den Wildbestand absenkt, den Jagdwert aufrechterhält und sogar erhöht, da die Anzahl ausgewachsener Hirsche (jene, die im Wohnzimmer oder in der Jagdstube hängen) bezogen auf den Abschuss gesteigert werden kann.

In den Abbildungen 12 und 13 werden die Veränderungen der Hirsch-, Tier- und Nachwuchsbestände nochmals grafisch dargestellt. Dabei sind die einjährigen Stücke (Schmalspießer, Schmaltiere) zusätzlich abgebildet.

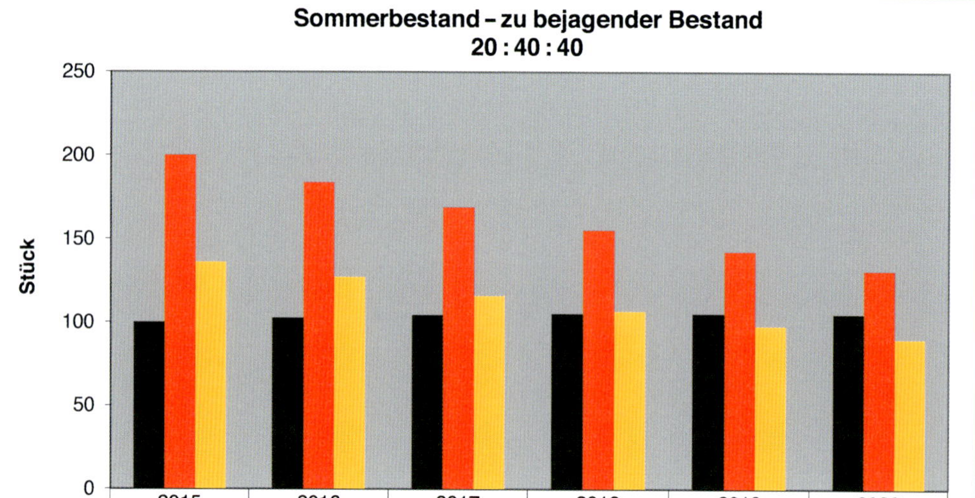

	2015	2016	2017	2018	2019	2020
■ Hirsche	100	103	104	105	105	105
■ Tiere	200	184	169	155	143	131
■ Kälber	136	127	116	107	98	90

Abb. 11: Bei einer Entnahme von 1 : 2 : 2 (Hirsch : Tier : Kalb = Strukturregulierungsabschuss) kommt es neben der deutlicheren Wildstandsreduktion gegenüber Beispiel 1 auch zu einem ausgeglichenen GV und der Zuwachs sinkt innerhalb von sechs Jahren um ein Drittel. Grafik: H. Bretis

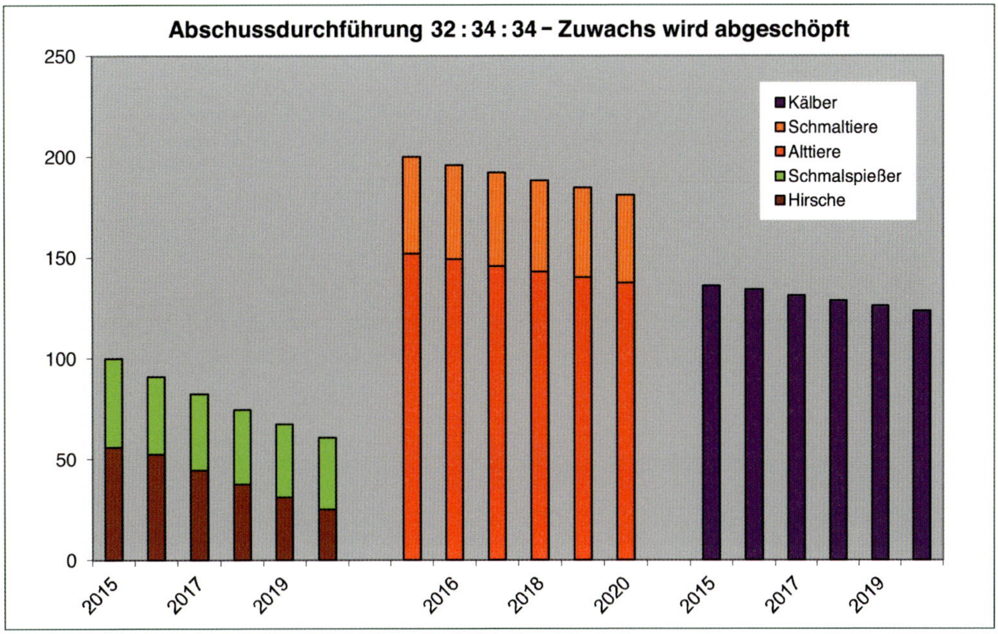

Abb. 12: Bei einer Reduktion nach Drittelparität verjüngt sich der Hirschbestand und alte Hirsche werden zur Seltenheit, der Bestand von Tieren und Kälbern vermindert sich nur sehr geringfügig. *Grafik: H. Bretis*

Beim **Abschussszenario nach der Drittelparität** wird schnell erkenntlich, dass die Stückzahl an Schmalspießern im Bestand annähernd gleich bleibt, der Bestand an Hirschen über dem 2. Kopf jedoch deutlich abnimmt. Der hohe Anteil an Spießhirschen im Abschuss hat sicherlich wesentlich zu dieser Entwicklung beigetragen. Der Tierbestand und der Nachwuchs konnten nur unwesentlich herabgesetzt werden. Das Geschlechterverhältnis hat sich gegen 1 : 3 entwickelt. Das Bild an Winterfütterungen zeigt uns oft sehr deutlich, wie weit das Geschlechterverhältnis zugunsten des weiblichen Wildes verschoben ist. Auf 50 Tiere sollten in einem ausgeglichenen, gut strukturierten Bestand mindestens 20 bis 25 Hirsche der Klassen I und II kommen. Rund jedes 20. erlegte Stück könnte ein Hirsch der Klasse I sein.

Bei der **Strukturregulierung** verbessert sich die Altersstruktur der Hirsche maßgeblich. Der Anteil an Jungwild im Bestand sinkt. Damit wird die Dynamik aus dem Bestand genommen. Durch die besseren Strukturen kann der Jagdwert trotz deutlich verringerter Wilddichte aufrechterhalten werden.

Mit steigendem Hirschanteil und sinkender Wilddichte wird der Anteil der Hirsche im Abschuss höher. Die Geweihe werden aufgrund des höheren Durchschnittsalters und der besseren Körperkondition stärker. Mit sinkendem Zuwachs sinkt auch der jährliche absolute Abschuss und der Anteil der begehrten Trophäenträger steigt (Bützler, 2001). Somit wirken sich regulierende und strukturierende Maßnahmen positiv für das Rotwild, den Jäger und den Wald aus. Die Tier- und Kälberbestände konnten deutlich abgesenkt werden.

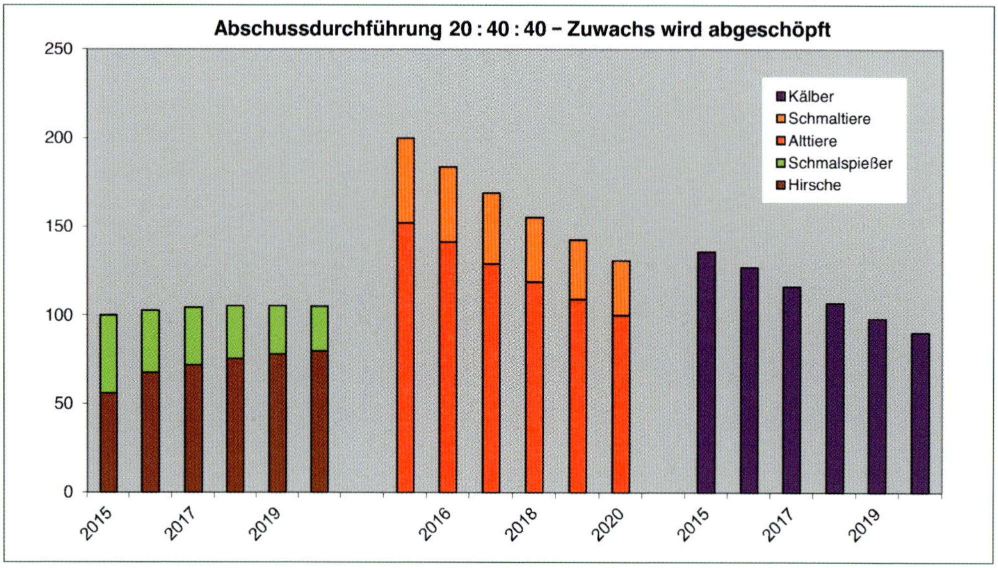

Abb. 13: Strukturregulierung bewirkt eine geringere Wilddichte und einen höheren Jagdwert.
Grafik: H. Bretis

Resümee

Zusammenfassend kann gesagt werden, dass Reduktionsphasen anderer Abschusszusammensetzungen und -höhen bedürfen als normale Regulierungsabschüsse. Es kann als Chance gesehen werden, diese Phasen für eine Strukturverbesserung zu nutzen und nicht nur auf die Zahl der Abschüsse zu schauen, sondern viel mehr die Qualität der Abschüsse zu hinterfragen und zu analysieren. Hohe Spießhirschanteile im Abschuss helfen einer Reduktion wenig, sie verringern nur den Jagdwert in der Zukunft.

WICHTIG **Faustregel**

In Reduktionsphasen zählt allein die Interpretation der Kahlwildabschüsse!

Bejagungs-strategien

Die Strategien des Rotwildes

Neue Bejagungs-strategien und Beobachtungsgabe

Mehr Gefühl bei der Rotwildjagd!

Ruhezonen und Bejagung

Die Dosis macht das Gift – gezielt bejagen

Rotwild, das sich in einer gemeinsamen Evolution über lange Zeit hauptsächlich an seinen früheren Hauptregulator Wolf angepasst hat, der es in Rudeln jagt(e), wird heute vom Menschen vielerorts nach „Luchsmanier", also in Einzeljagd, erlegt. Das Rotwild hat herausgefunden, wie es sich dieser Form der Bejagung sehr erfolgreich entziehen kann.

Die Strategien des Rotwildes

Das Rotwild passt sein Raumnutzungsverhalten sehr geschickt der jeweiligen Bejagungsstrategie an. Das Ergebnis seines Ausweichverhaltens kann je nach Lebensraum-Bedingungen zu durchaus unterschiedlichen Ergebnissen führen, wie in mehreren Projekten anhand von besendertem Rotwild nachvollziehbar dokumentiert werden konnte. In Bergrevieren hat das Rotwild vom Grundprinzip her **zwei höchst unterschiedliche Strategien** entwickelt, um sich der Bejagung zu entziehen:

- Ausweichen in extrem schwierig bejagbares Gelände (z. B. unerschlossene Hochlagen) oder
- Zurückziehen in deckungsreiche Waldeinstände.

Waldgebiete

Die Waldinventur dokumentiert den erfreulichen Entwicklungstrend, dass die Naturverjüngung in Österreichs Wäldern stammzahlreicher und vielfältiger geworden ist. Durch Waldpflege und Vorlichtung hat die für das Schalenwild verfügbare Äsung auch unter Bestandesschirm deutlich zugenommen. Nahrung steht dem Schalenwild also auch im Einstand

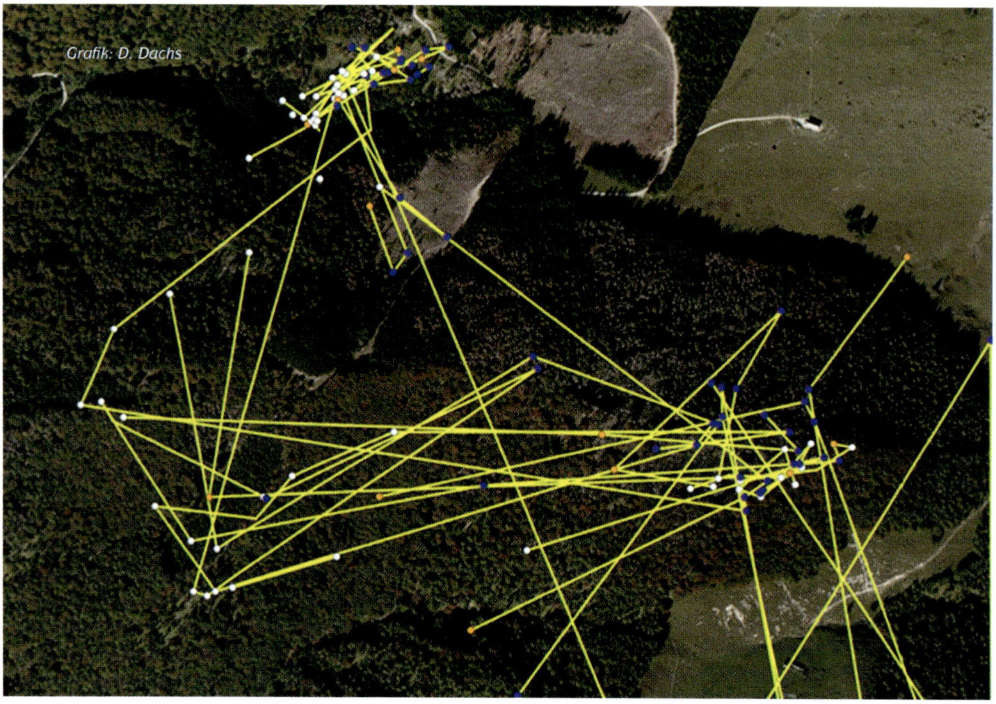

Abb. 14: Rotwild tritt in Waldrevieren während der Vegetationszeit nur sehr selten auf Freiflächen aus (und dann meist nur während der Nachtstunden), wie die Telemetrie-Ergebnisse aus Oberösterreich gezeigt haben. Es entzieht sich somit sehr erfolgreich der Bejagung – und viele Jäger vermuten es „im Nachbarrevier" (im Bild Streifgebiet eines alten Tieres).

reichlich zur Verfügung. Warum sollte es bei Tageslicht auf Freiflächen austreten, wenn es dort erfahrungsgemäß zu bestimmten Zeiten besonders gefährlich ist? Durch langjährig hohen Jagddruck auf den Freiflächen ist diese Tendenz gewaltig verstärkt worden (vor allem durch Abendansitze am Waldrand, wenn das hungrige Wild auf Grünlandflächen ausziehen will). Wie in Telemetrie-Projekten wiederholt gezeigt werden kann, ist „klug geschossenes" Rotwild nur mehr erstaunlich selten auf „guten Äsungsflächen" außerhalb der Deckung anzutreffen – und wenn, dann allenfalls während der Nachtstunden. Es bleibt zwar dämmerungsaktiv, aber eben innerhalb des schützenden Waldes (siehe Abb. 14, Projekt Steyrtal).

Hochlagen

In Regionen mit ausgedehnten Hochlagen hingegen (mit Almen, Latschen und alpinen Matten oberhalb der Waldgrenze) zieht das Rotwild mit Frühjahrsbeginn mittlerweile sehr rasch aus seinen Wintereinständen in unwegsame Gebiete oberhalb der Waldgrenze (siehe Abbildung auf Seite 120), wo es jagdlich nicht oder nur mit enormem Aufwand erreicht werden kann. Dort zieht es während der Sommermonate seinen Nachwuchs in nahezu völliger Jagdruhe groß. Erst im späten Herbst bzw. bei entsprechend hohen Schneelagen (oft erst kurz vor Ende der Schusszeit) verlässt das Rotwild diese natürlichen Ruhezonen wieder in Richtung „bejagbarer" Revierteile. Wenn es bei seiner Rück-

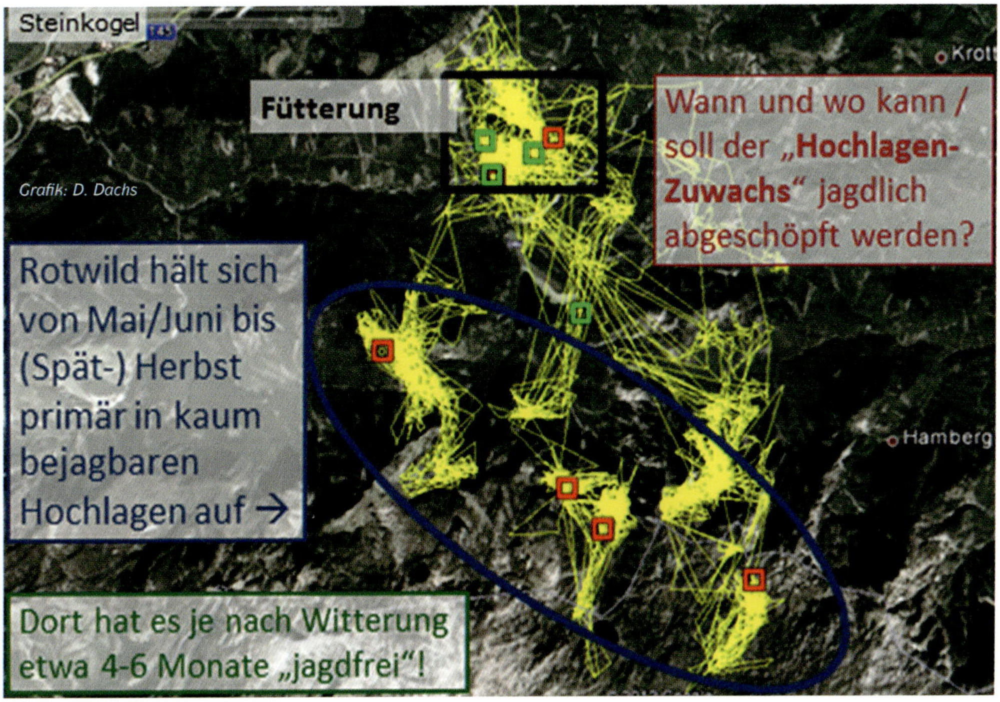

Abb. 15: Rotwild zieht sich während der Vegetationszeit in unbejagbare Hochlagen zurück, wie die Telemetrie-Ergebnisse aus dem Toten Gebirge gezeigt haben, und bringt im Spätherbst den gesamten Zuwachs mit in die Wintereinstände, wo eine Bejagung laut den meisten Jagdgesetzen nicht erlaubt ist (Ausnahme: Vorarlberg).

kehr rasch in die Nähe von Winterfütterungen zieht, darf es dort per Gesetz aber nicht bejagt werden (nur in Vorarlberg darf Kahlwild durch Jagdschutzorgane erlegt werden). Es bleibt also trotz sehr langer Schusszeiten (meist zwei Drittel des Jahres) kaum ausreichend Zeit für die Abschöpfung des jährlichen Zuwachses. Bei einem späten Wintereinbruch in den Hochlagen, wie er in den letzten Jahren immer häufiger zu verzeichnen war, erscheint eine dem physiologischen Rhythmus nicht gerecht werdende „Jagdzeitverlängerung" (in den Jänner hinein) nahezu unentbehrlich, wenn die Abschusspläne dann noch erfüllt werden sollen.

Anzumerken ist, dass unter den hier dargestellten Bedingungen genau genommen nicht eine Verlängerung des Jagddruckes über acht Monate hinaus stattfindet, sondern eine notgedrungene Verschiebung der Jagdzeit, weil sich das intelligente Rotwild während der gesetzlichen Jagdzeit seine mehrmonatige „Ruhezeit" in den Hochlagen gesichert hat (wie auch in Abb. 15 ersichtlich). In Regionen mit solchen saisonalen Rotwild-Zügen ist auch eine „Sicherstellung" der Abschusserfüllung mittels Stöberjagd primär vom witterungsabhängigen (und damit langfristig „unplanbaren") Rotwild-Zuzug in den Waldbereich abhängig, denn solche Jagden lassen sich ja nicht in den waldfreien Hochlagen durchführen (siehe Ausführungen dazu im Kapitel „Stöberjagd und ihre Grenzen im Alpenraum").

Neue Bejagungsstrategien und Beobachtungsgabe

Ohne angestammte Bejagungsmethoden revolutionieren zu wollen, wäre es mit etwas **revierübergreifendem Denken** – zumindest in Reduktionsphasen – zielführender, anstatt einen kleinräumigen permanenten Jagddruck in Einzeljagd auszuüben, übergreifend sowohl Ruhezonen einzurichten als auch Rotwild zwischendurch (nach Wolfsmanier) in Gemeinschaftsjagden zu bejagen (Schatz, 2011). Ob es sich dabei um Gemeinschaftsansitze (mit leichtem Anrühren) oder Bewegungsjagden mit Treibern und/oder Hunden handelt, ist regional abzustimmen, sollte aber günstigenfalls auch über Reviergrenzen gehen. Dabei könnte zugleich auch mit alten Vorbehalten zwischen Großrevieren, Gemeindejagden und kleineren Eigenjagden aufgeräumt werden. Unter Berücksichtigung günstiger Witterungs- und Windverhältnisse wären solche Jagden auch kurzfristig zu planen. Solche Bewegungsjagden sind jedoch keine Veranstaltungen für Pflicht- oder Höflichkeitseinladungen, sondern erfordern von den Beteiligten erhebliches jagdliches Geschick, um nicht mit Negativerlebnissen bei „stummen Zeugen" das Rotwild weiter lernen zu lassen. In diesem Zusammenhang wird von „belehrten Populationen" gesprochen, die jagdliche Fehler sehr lange nachtragen. Bei dem Vermögen, die menschliche Witterung auf einige hundert Meter bis über einen Kilometer zu wittern und negative Erfahrungen rund fünf Jahre zu speichern, darf man sich dann nicht wundern, wenn Rotwild unsichtbar wird. Ansätze zur Verwendung von Nachtsichtgeräten und ebensolchen Zielhilfen sind da keinesfalls ein Ausweg, sondern sie würden den Schadensdruck durch zunehmende Unsicherheit des Rotwildes nochmals erhöhen.

Eine günstige Jagdstrategie bestünde darin, **Jagdmethoden** zu verwenden, **die den Lerneffekt für das Wild möglichst gering halten**. Dazu kann es auch sinnvoll sein, zwischen Jagdmethoden (Einzeljagd, Intervallbejagung, Gemeinschaftsjagden, wo nötig Schwerpunktbejagung) räumlich und zeitlich zu wechseln und entsprechende Ruhezonen einzurichten. In der Einzeljagd macht es auch Unterschiede, ob Rotwild verstärkt morgens (in der Regel günstiger) oder abends bejagt wird oder ob häufiger in größere Rudel geschossen wird oder nicht.

HINWEIS **Ziel: Gesunder Bestand**

Ein gesunder Rotwildbestand in lebensraumangepassten und forstlich tragbaren Dichten sollte doch ein gemeinsames Ziel darstellen. Somit wären auch zukünftig Radikalmaßnahmen wie Schonzeitabschüsse, Abschüsse an Kirrungen/Fütterungen oder seuchenbedingte „Keulungen" weitgehend vermeidbar.

Mehr Gefühl bei der Rotwildjagd!

Aufgrund der hohen Abschussvorgaben sind von den Revierverantwortlichen Strategien zu entwickeln, um den Abschuss zeitgerecht und ohne unnötige Erhöhung des Jagddruckes zu erfüllen. Einige Wege, um diese Ziele zu erreichen, die – abhängig von den jeweiligen Verhältnissen – beschritten werden können, zeigt das folgende Kapitel auf.

Jede Rotwildjagd und die damit für den Jäger und Forstmann verbundenen Vorstellungen sind unterschiedlich. Wer dem Rotwild Gutes tun will, setzt sich **mittel- bis langfristige**

Ziele, hält diese konsequent ein und adaptiert sie nach Bedarf. In der letzten Zeit ist die Wald-Wild-Frage wieder neu entfacht. Überhöhte Rotwildbestände sollen dem Lebensraum angepasst werden und die Jäger stehen dieser Forderung oft ratlos gegenüber, da man meist ohnehin die jagdliche Umsetzungsgrenze bereits erreicht hat. Um einen überhöhten Rotwildbestand bei konsequenter Umsetzung (Abschusshöhe und -zusammensetzung) nachhaltig zu regulieren, braucht es Zeit (zumindest vier bis sechs Jahre). Erfahrene Rotwildjäger nehmen sich auch mehr Zeit, um sich mit dem Revier, den Windverhältnissen, den Wechseln des Wildes und seinen Traditionen usw. intensiv auseinanderzusetzen. Dies sind die Grundvoraussetzungen in Reduktionsphasen, um eine andere, besser geeignete jagdliche Strategie zu entwickeln. Hierfür braucht es im Revierjagdsystem auch **regionale, revierübergreifende Lösungsansätze** (Regulierungskonzepte) und fachliche Unterstützung in Problemgebieten vor Ort, dort, wo die Durchführung passiert.

Ruhezonen und Bejagung

Ruhezonen stellen Ausgleichszonen zu den Bejagungsgebieten dar (Schwerpunkt- und Intervallbejagungsgebiete). Dem Rotwild wird trotz hoher Abschussvorgaben genügend Raum

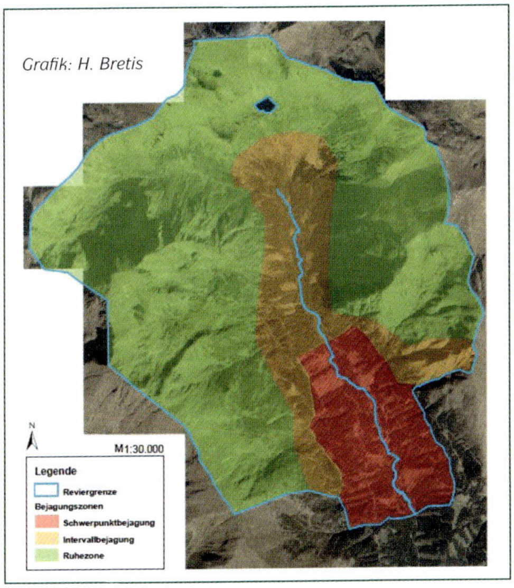

Abb. 16: Beispiel einer jagdinternen Zonierung mit Schwerpunktbejagung im Wirtschaftswald, Intervallbejagung in der Kampfzone des Waldes, der lichte Almwald und die freien Almflächen sind Ruhezonen.

gegeben, wo es ungestört seinen natürlichen Tagesrhythmus einhalten kann. Diese Vertrautheit kann in angrenzenden **Intervallbejagungsflächen** gezielt ausgenutzt und dadurch die jagdliche Effizienz gesteigert werden. In der Abbildung links befindet sich die Ruhezone beispielsweise oberhalb der Waldgrenze. Die Kampfzone und der lichte Almwald darunter werden im Intervall gezielt bejagt. Das Rotwild wird bei Witterungsumschwüngen (Regen, starker Wind) in den Waldgrenzbereich heruntergedrückt, bestehende Großrudel teilen sich in Kernzonen in kleinere Rudel auf und diese können gezielt angepirscht und bei guten Windverhältnissen Stücke erlegt werden. Diese Mobilitätsphase wird an nur wenigen Tagen ausgenutzt und kann einen dementsprechenden Abschussvorsprung bei erhöhten Regulierungsvorgaben bringen.

Eine gute Schießleistung (mehrere Stücke müssen erlegt werden), körperliche Kondition und Ausdauer sowie jagdliches Gespür sind für den Erfolg solcher Überraschungseffekte ausschlaggebend. Diese kreativen Anpassungsformen der Bejagung auf lernfähiges Rotwild (Völk, 2012) passieren auf sehr kleinräumigen Gebieten (punktuelle Intervallbejagung mit hoher

Strecke) und stehen mit einer „strategischen Ruhephase" vor der Brunft nicht in Konflikt. Der Jagddruck auf den verbleibenden Bestand bleibt minimal.

Ein zusätzlicher positiver Aspekt ist, dass in solchen Bejagungsphasen vermehrt Alttiere samt Kälbern erlegt werden, was in Reduktionsphasen außerordentlich wichtig ist. In solchen Phasen kann auch angedacht werden, Ruhezonen ein- bis zweimal jährlich effizient für Reduktionsabschüsse (Kahlwild) zu nutzen. In größeren Jagdgesellschaften ist es unbedingt erforderlich (schriftlich oder auf einer Übersichtskarte eingezeichnet), festgelegte Ruhezonen konsequent einzuhalten, auch wenn dies von so manchem eine Selbstbeschränkung erfordert.

Falsch verstandene Intervallbejagung

In der jagdlichen Praxis wird das Prinzip der Intervallbejagung manchmal unzweckmäßig eingesetzt oder sogar gänzlich missverstanden. Ein **Intervall** sollte sich zeitlich nicht starr an ein Datum halten, sondern vielmehr **am Wettergeschehen orientieren**. Es kann vorkommen, dass in einem vorgesehenen Bejagungsintervall (z. B. Mitte Juli bis Mitte August) nur an wenigen Tagen sinnvoll auf Rotwild gejagt werden kann, weil das Wetter (Schönwetterperiode) keine erfolgsversprechende Bejagung garantiert. In dieser Zeit ist es, wenn überhaupt, ratsam, Wild allenfalls vom Gegenhang zu beobachten – eine Bejagung ist dann meist wenig bis gar nicht sinnvoll. Der Intervallbeginn muss variabel gestaltet sein, um bei guten Wetterbedingungen gegebenenfalls auch schon einige Tage vor Beginn des geplanten Intervalls zu jagen.

Gemeinschaftsansitze

Gemeinschaftsansitze können bei gut geplanter Durchführung durchaus beachtliche Erfolge (vor allem am Morgen) haben. Voraussetzung ist, dass die Organisatoren die Gewohnheiten des Rotwildes in ihrem Revier gut kennen. Die Ansitzeinrichtungen sind an strategisch günstigen Positionen einzurichten und dürfen nicht zu nahe an Hauptwechseln angebracht sein.

Mit Gemeinschaftsansitzen und strategisch geplanten Bewegungsjagden lassen sich auch in Gemeindejagden gute Strecken erzielen. Foto: A. Deutz

Mittlerweile ist es häufig günstiger, Rotwild nicht von „auffälligen“ Hochsitzen aus zu bejagen, sondern von schirmähnlichen Bodensitzen. Fotos: S. Pirker

Im Berggebiet werden hangparallel die Hochsitze am Morgen besetzt und das von den höher gelegenen Äsungsflächen zurückziehende Wild wird bejagt. Abschließend drücken die untersten Schützen die Einstände hangaufwärts durch. Mit einer überschaubaren Anzahl an Jägern können ansehnliche Strecken erzielt werden. Die **zeitliche und räumliche Flexibilität** trägt wesentlich zum Erfolg bei. Die Windsituation ist bei Gemeinschaftsansitzen unbedingt mit zu berücksichtigen, zudem darf diese Jagdform nicht zu häufig gewählt werden, da sich Rotwild bezüglich negativer Erlebnisse äußerst sensibel und nachtragend verhält.

Planungsfehler (Stände nicht vorbereitet, ungeübte Schützen, unkoordinierte Anfahrt, ...) oder ungeeignete Witterung sowie unvorsichtiges Anstellen können den Erfolg von Gemeinschaftsansitzen stark schmälern oder gar zur Frustration führen. Abends wird oft der Fehler begangen, dass Sitze zu früh bezogen werden, wenn der Wind noch nicht stabil talwärts zieht. Nicht nur deshalb sind, wie beim Einzelansitz, jagdliche Eingriffe am Morgen günstiger als am Abend. Es gibt auch Kessellagen, in denen Gemeinschaftsansitze nur schwierig oder überhaupt nicht durchgeführt werden können. Hier ist die professionelle Einzeljagd erfolgversprechender. Erfahrungsgemäß lassen sich Gemeinschaftsansitze auf Rotwild auch nicht Wochen oder Monate vorher terminlich festsetzen. Kurzfristige und flexible Planungen je nach Witterung und Wildstand sind gefragt.

Ansitzjagd (Einzelansitz)

Wo immer es in den Revieren möglich ist, sollte man Rotwild vom Gegenhang aus bejagen. Die Unabhängigkeit vom Wind ist dementsprechend höher zu bewerten als die weiteren Schussentfernungen, welche für den geübten Schützen mit entsprechender Gewehrauflage kein Problem darstellen. Wenn das Rotwild den Jäger vernommen hat, sollen Schüsse ohnehin unterlassen werden. Fluchtreaktionen auf bereits weite Entfernungen sind meist das Resultat von falschem Verhalten nach dem Schuss (zu wenig Wartezeit, unruhiges Verhalten nach dem Schuss usw.) sowie Beschießen von größeren

Rudeln (mehr stumme Zeugen) und weniger das Resultat von weiten Schüssen.

Das oberste Ziel nach jeder Reduktionsphase sollte es sein, noch vertrautes Wild mit einer guten Struktur im Revier zu haben. Jeder Rotwildspezialist hat unterschiedliche Strategien, um diese zu erreichen. Jedes Revier hat andere Voraussetzungen (Jäger, Gelände, Erschließung, Größe, ...) und wird unterschiedliche, teils gegensätzliche Ansätze entwickeln, um zum gleichen Erfolg zu kommen. Notwendig sind jedenfalls Einfühlungsvermögen für Rotwild sowie mehrjähriges Durchhaltevermögen und nicht blindes Vertrauen auf die Technik.

Die Dosis macht das Gift – gezielt bejagen

Rotwild, welches in neue Gebiete einwandert, wird von den Jägern oft sehr gerne empfangen. Man freut sich, dass man in seiner Jagd auch auf Hochwild jagern und das eine oder andere Hirscherl erlegen kann. Kahlwildstücke werden eher zurückhaltend bejagt. Der Hegegedanke sitzt tief in den Gliedern und strebt eine Vermehrung des Rotwildes an. In diesen Gebieten werden sehr oft eine intensive Landwirtschaft (zum Teil auch mit Ackerbau) und eine schnellumtriebige Forstwirtschaft betrieben. Diese Landbewirtschaftungssysteme vertragen nur geringe Wilddichten an Rotwild, da die biologische (schadensunabhängige) deutlich über der wirtschaftlichen (schadensabhängigen) Tragfähigkeit liegt. Übersieht man durch die zurückhaltende und zum Teil falsch angesetzte Bejagung (Rotwild ist anders zu bejagen als Rehwild) das Ansteigen der Rotwildpopulationen, kommt es über kurz oder lang zu Wildschäden, die zum Teil hohe ökonomische Verluste nach sich ziehen können.

In diesem Fall sollten unbedingt jagdliche Strategien angedacht werden, um den Wildbestand nachhaltig zu reduzieren und die Wildschäden zu vermeiden. Der Jagddruck ist gering zu halten. Wie das geschehen kann, wird im Folgenden beschrieben.

Der frühzeitige Abschuss von Kälbern wird heftig diskutiert. Foto: C. Dullnig

Abschuss von Tier und Kalb im Juli

Eine unpopuläre, aber sehr wirksame Maßnahme stellt der Abschuss von Tier und Kalb im Juli dar. In dieser Zeit ist die Bindung zwischen Jung- und Muttertier sehr hoch. Nach Abschuss des Kalbes kommt das Tier bei ruhigem Verhalten des Jägers oft zurück und kann erlegt werden. Selbstverständlich ist das Kalb noch sehr jung und weist wenig Wildbretgewicht auf. Die Priorität liegt hier vermehrt auf dem Abschuss des Alttieres, weil dies in Reduktionsphasen eine essenzielle Rolle spielt. Ist die Wildstandsabsenkung erfolgreich, kann auf diese unbeliebte Maßnahme wieder verzichtet werden.

Ausreichende Ruhezeiten zwischen den Bejagungsphasen

Die Jagdzeiten dauern in Österreich verhältnismäßig lange und beginnen zumeist am 1. Mai. Die Jagddrucksteigerung wird sehr oft als kritisch bezeichnet, da sie den Jagddruck unweigerlich erhöht, wenn sie falsch angesetzt wird. Der Jagderfolg spiegelt sich erst am 31. Dezember wider! Wird mit der Bejagung Anfang Mai begonnen, ist es ratsam, einen gewissen Teil seines Reviers ab Mitte oder Ende Mai zu beruhigen. Im Juni sollte dort keine Bejagung stattfinden. Im Sommer wird angeraten, die Jagd intervallartig je nach Wind und Wetter auszuführen. In dieser Zeit sollte man, wenn es möglich ist, so effizient wie möglich sein und bei Gelegenheit mehrere Stücke gleichzeitig erlegen (Tier, Kalb, Schmalstück). So kann der Abschuss vor der Brunft erhöht und der „jagdliche Stress" vor Weihnachten eingedämmt werden. Die eine oder andere Riegeljagd kann somit erspart bleiben.

Fütterung und Jagddruck

Sollte eine Bejagung im Fütterungszeitraum in der Nähe von Fütterungsstandorten in Ausnahmefällen unvermeidbar sein, so sind die landesgesetzlichen Bestimmungen natürlich einzuhalten, und es sollten diese Abschüsse hauptsächlich beim Wegziehen des gesättigten Wildes am Morgen erfolgen. Hungriges Wild

Wird mit der Bejagung Anfang Mai begonnen, ist es ratsam, einen gewissen Teil seines Reviers ab Mitte oder Ende Mai zu beruhigen. *Foto: H. Bretis*

beim Zuzug zur Fütterung zu bejagen, verlagert die Nahrungsaufnahme auf die Waldvegetation im Bereich schützender Einstände. Zur Abschusserfüllung besonders beim Kahlwild sind frühzeitig auch alternative Jagdmethoden (Gemeinschaftsansitz, Ansitz-Drückjagd, Stöberjagd, strategisch geplanter Einzelansitz), beispielsweise zwischen Brunft und Fütterungsbeginn, zu erwägen.

Eine Bejagung an der Fütterung provoziert Wildschäden und ist deshalb kontraproduktiv. Die in zahlreichen Regionen Österreichs recht hohen Anteile an Kahlwildabschüssen in den Monaten November und Dezember zeigen die Brisanz dieses Problems beim Rotwild. Um hier gegenzusteuern, sollte entweder die Bejagungspraxis oder die Fütterungspraxis entsprechend angepasst werden. Entweder man ist bereit, die Kahlwildabschüsse bereits frühzeitig zu tätigen und nicht auf den kurzen Zeitraum zwischen Ende der Brunft und Fütterungsbeginn zu verschieben, oder man beginnt erst dann mit der Vorlage von besonders attraktiven Futtermitteln, die eine stark lenkende Wirkung auf das Wild haben und es im Nahbereich der Fütterung massiv konzentrieren, wenn der allergrößte Teil des Kahlwildabschusses getätigt ist (z. B. ausschließliche Heuvorlage bis zu dem Zeitpunkt, wo mindestens 95 % des Kahlwildabschusses erfüllt sind). Denn wenn das Kahlwild zur Erfüllung der Abschusspläne auch noch während der Fütterungsperiode bejagt werden soll, darf man es nicht durch hoch attraktive Futtermittel im Nahbereich von Fütterungen übermäßig konzentrieren. In derartigen Überlegungen müssen zudem unbedingt die Topografie, Schadensanfälligkeit von Waldbeständen und allfällige Almen oder Vorlagen mit berücksichtigt werden.

HINWEIS **Fütterungsbeginn**

Gar kein Futter vorzulegen, bis die Kahlwildabschüsse erfüllt sind bzw. bis der Hochwinter beginnt, obwohl das Rotwild über viele Jahre daran gewöhnt ist, kann ebenfalls Wildschäden provozieren.

Eine zusätzliche wesentliche Motivation zu einer frühzeitigen und vollständigen Erfüllung von Kahlwildabschüssen könnte darin bestehen, dass grundsätzlich (und jedenfalls auch in Fütterungsrevieren) erst nach der Erlegung einer bestimmten Stückzahl an Kahlwild ein Trophäenträger freigegeben wird. Zu diesem Zweck müsste gesetzlich ein „Ansammeln“ über mehrere Jahre ermöglicht werden. Solch eine Spielregel würde nicht nur zum effizienteren Abschöpfen des fütterungsbedingten Mehr-Zuwachses, sondern auch zu einer gerechteren und objektiver argumentierbaren Zuteilung begehrter Trophäenträger führen, als dies unter den traditionellen Rahmenbedingungen möglich ist.

Aktuelle Ansätze zur Legalisierung von Abschüssen bei Fütterungen oder in Wintergattern sind aus mehreren Gründen bedenklich. Neben ethischen und tierschutzrechtlichen Fragen ist die Außenwirkung derartiger Jagdpraktiken zu überlegen. Zudem kämen dann auch Fragen nach der Notwendigkeit so langer Jagdzeiten oder der Bejagung in der Brunft auf ...

Jagderfolg durch Planung, Flexibilität und Wandel

Beispiel – Regulierungs- und Ruhezone

Gezielte Jagdstrategien werden im modernen Schalenwildmanagement immer wichtiger. Einfach davon zu sprechen, es aber nicht auf die Revierfläche zu projizieren, bringt nachhaltig keine Erfolge. Hier ist die jagdliche Ausbildung gefordert, um den Nachwuchs gezielt auf Jagddruck, Bejagungsstrategien und das „geschickte, erfolgsversprechende Jagern" vorzubereiten. Der **Praxisbezug** ist durch die Vortragenden, die selbst über einen reichen praktischen Erfahrungsschatz verfügen sollten, jedenfalls zu gewährleisten. Anhand von Beispielen und positiven Umsetzungen diverser Jagdstrategien in Eigen- und Genossenschaftsjagden soll gezeigt werden, wie der jagdliche Erfolg trotz Minimierung des Jagddrucks gesteigert werden kann.

Die jagdliche Beruhigung von Gebieten (Ruhezone) ist mit einer Selbstbeschränkung der Jäger verbunden. Die Bejagung solcher Gebiete ist zu unterlassen. Einzelne Ausnahmen können in der Hirschbrunft gemacht werden (erfolgsversprechende Bejagung des Brunfthirsches, um sich danach wieder auf die Kernaufgabe der Rotwildbewirtschaftung – Regulierung – konzentrieren zu können). Anhand eines Beispieles soll aufgezeigt werden, wie eine durchdachte Rotwildbejagung funktionieren kann. Dieses stammt aus der Praxis und hat deutliche Mehrerfolge bei der Abschusserfüllung erbracht.

Beispiel – Regulierungs- und Ruhezone

Das Jagdgebiet von etwa 750 ha ist in eine Regulierungszone und in eine Ruhezone eingeteilt. Die Regulierungszone (ca. 500 ha) ist etwa doppelt so groß wie die Ruhezone (ca. 250 ha). In der **Regulierungszone** werden die Jagdeinsätze nach der Höhe der Erfolgschancen durchgeführt. Es ist eine ausgeklügelte Kombination aus jagdlicher Erfahrung, Instinkt und dem Einschätzen verschiedener Witterungs-/Wetterkombinationen (Niederschlag, Temperatur, Wind) und der damit verbundenen räumlichen Verteilung des Rotwildes. Eine räumliche Unterteilung zwischen Intervall- und Schwerpunktbejagung gibt es nicht. Die Intervalle ergeben sich durch das Wetter und den Wind von selbst. Bei aussichtsreicher Witterung (stabile Windverhältnisse, Nordströmung, ...) wird gejagt. Der Erfolg steht im Vordergrund. Bei Schlechtwetter dreht der Wind andauernd („Nebelreißen"). In diesem Fall wird, wenn überhaupt, ausschließlich vom Gegenhang aus gejagt. Alles andere wäre Zufall.

An der **Ruhezone** wird bis nach der Brunft festgehalten. Hin- und herwechselndes Wild wird gezielt bejagt. Die bevorzugten Einstände befinden sich teilweise außerhalb der Ruhezone. Rotwild zieht am Abend zu den Wildäsungsflächen in der Ruhezone. Durch die gezielte Beruhigung der Äsungsflächen wechselt das Rotwild morgens erst bei deutlichem Tageslicht in die Einstände zurück. Die **Fernwechsel werden abgesessen**, das vorbeiziehende Wild wird angesprochen und gegebenenfalls erlegt. Dadurch kann der Abschuss deutlich gesteigert werden. Die **Jagd am Morgen** ergibt aus der Auswertung der Jagdeinsätze eine doppelt so hohe Anblickwahrscheinlichkeit und damit verbunden auch eine zweifach höhere Erlegungsrate. Die Bejagungsflächen werden abends selten bejagt, um dem Wild das ungestörte Ziehen zu ermöglichen. Die Bewegungen mit den Revierfahrzeugen werden am Abend bewusst minimiert, um Störungen so gering wie möglich zu halten.

Scheues Rotwild wagt sich oft nur mehr im Schutz der Dämmerung oder der Nacht auf Freiflächen – Nachtjagd würde auch das noch unterbinden und damit den Wald noch mehr belasten. *Foto: S. Pirker*

Im Herbst wird die Ruhezone zum Teil aufgegeben und für Regulationsabschüsse mit genutzt. Die vorsichtige überlegte Bejagung behält man jedoch bei. Trotz hoher Abschussvorgaben sollte der Jagddruck nicht unnötig gesteigert werden. Die Ruhezone trägt einen erheblichen Beitrag zur Abschusserfüllung beim Rotwild bei. Sie ist ein wesentlicher Teil jeder Bejagungsstrategie. Zurückhaltung ist bei den Verantwortlichen gefragt. Aus forstlicher Sicht sind Ruhezonen nur dort einzurichten, wo Wildschäden nur in geringer Anzahl auftreten können (keine verjüngungsnotwendigen Flächen und schälgefährdeten Bestände).

Bejagung auf den Rückwechseln am Morgen

In Abbildung 17 ist ein Ausschnitt des Reviers ersichtlich. Hier soll ein Beispiel gegeben werden, wie eine von vielen möglichen professionellen Strategien zur höheren Abschusserfül-

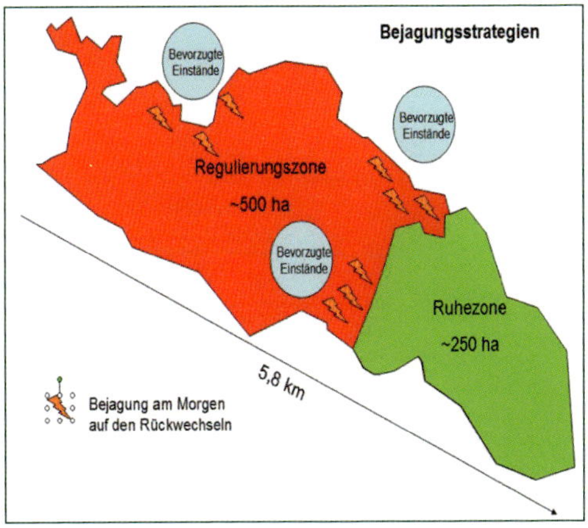

Abb. 17: Grafische Darstellung der Ausweisung einer Ruhe- und Regulierungszone
Grafik: H. Bretis

lung gezielt eingesetzt wurde. Das Rotwild, das in der Nacht auf die Wildwiese wechselte, zieht am Morgen in einen beliebten Einstand mit hohem Besiedlungsanreiz (großer Fichtenstangenholzkomplex, ehemalige Windwurffläche) zurück. Bei Tagesanbruch begibt sich der Jäger zu

Oft reichen solche einfachen Jagdeinrichtungen, es müssen keine „Baumhäuser" sein.
Foto: S. Pirker

Fuß (250–300 m Strecke) auf einen Hochsitz, der bei einem langen Kahlschlag angebracht ist. Die weitesten Schussentfernungen betragen bis zu 350 m und man hat eine Gegenhangsituation. Die Gewehrauflage am Hochsitz gestaltet sich so, dass eine gezielte präzise Schussabgabe möglich ist (Ellbogenunterstützung).

Das Rotwild zieht oberhalb des Hochsitzes in Schichtenlinie (Wind) vorbei, wechselt durch einen Graben und kommt am Gegenhang in Anblick. Somit befindet sich der Jäger bei guten Windverhältnissen immer außerhalb des Windes. Nach schnellem Ansprechen kann Rotwild gezielt erlegt werden, wenn die Stücke über die Freifläche wechseln. Die Wildwiese befindet sich in der Ruhezone und wird im Normalfall ganzjährig nicht bejagt. Der Ansitzplatz wird ausschließlich bei guten, stabilen Windverhältnissen am Morgen, selten am Abend bezogen.

Überblick der Fernwechsel und strategisch günstige Bejagungsflächen

Abbildung 18 zeigt einen Teil des Reviers. Eingezeichnet sind die Wildwiesen, die Fernwechsel des Rotwildes, die Ansitzeinrichtungen und die Bejagungsschneisen (Kahlschläge, Seilgassen). Von den abgebildeten Ansitzeinrichtungen wird ein Großteil des Rotwildabschusses getätigt. Die Wildwiesen werden während der Nacht vom Rotwild angewechselt. Zwei von drei Wildwiesen liegen in der nicht bejagten Ruhezone. Wechselt das Rotwild am Morgen in die schattseitigen Tageseinstände, wird es an den angenommenen Wechseln bejagt. Die Bejagung an diesen Flächen erfolgte hauptsächlich in der Früh. Alle Ansitzeinrichtungen sind an strategisch günstigen Punkten angelegt. Die Schussentfernungen betragen maximal 350 m.

Abbildung 19 zeigt eine Schussschneise auf einer Kuppe, über die das Rotwild am Morgen von der Sonnseite zu den schattseitigen Tageseinständen zieht.

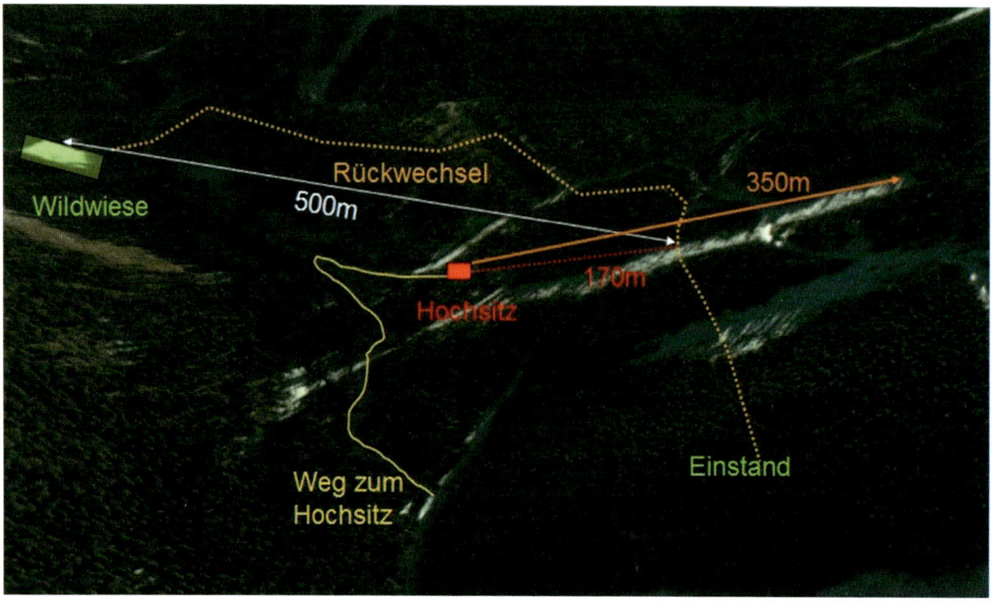

Abb. 18: Luftbild zu Abb. 17 mit Wechsel und Ansitzeinrichtung Beide Grafiken: H. Bretis

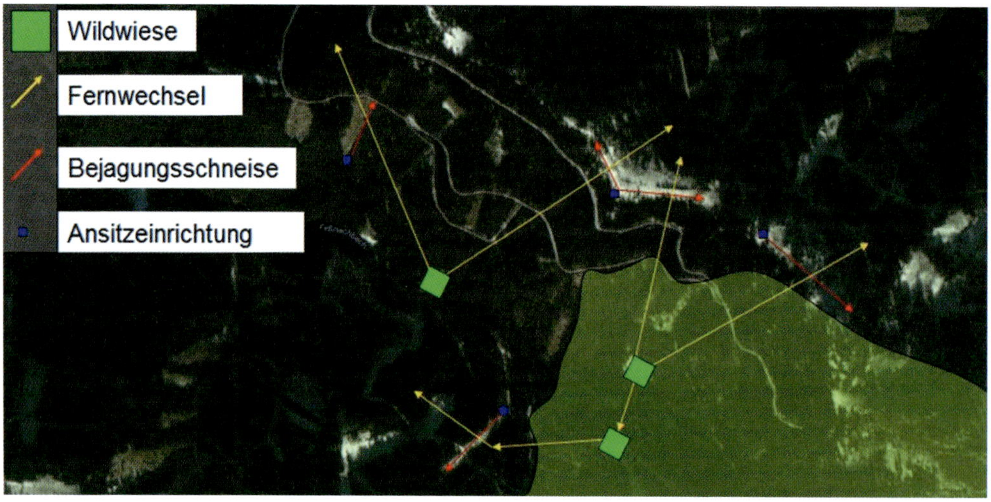

Abb. 19: Die eingezeichneten Rückwechsel von den Äsungsflächen werden jagdlich genutzt.

Schussschneisen zur morgendlichen Bejagung am Rückwechsel Foto: H. Bretis

Der Strukturregulierungs-eingriff greift

Grundlegendes

Rotwildreduktion heißt Veränderung

Zusammenfassung

Aus der Praxis: Wildstandsreduktion in einem Großrevier

Wenn Rotwildbestände einmal entglitten sind, braucht es drastische Änderungen der Abschusszusammensetzungen, damit sie nach Jahren wieder ins Lot kommen. Ein anschauliches Praxisbeispiel verdeutlicht die Reduktions- und Regulationsproblematik mit Zahlen.

Die Wildstandsreduktion beim Rotwild hat sich in den letzten Jahren zu einem österreichweiten brennenden Thema entwickelt. Die Wildstände haben sich vielerorts unerkannt nach oben entwickelt. Über Jahre werden Wildstandsreduktionen beim Rotwild gefordert. Diese scheiterten trotz intensiver Bemühungen oft daran, dass man sich zu wenig mit Zahlen objektiv und ehrlich auseinandergesetzt hat. Die Dauer der Reduktionsphase und vor allem die Zusammensetzung der Rotwildstrecke sind Kernelemente solcher Vorhaben, die revierübergreifend durchgeführt werden müssen. Eine Umsetzung in den Revieren wird zusätzlich durch mangelndes jagdliches Handwerk erschwert, das auf die Wildart Rotwild immer weniger beherrscht wird. Die Idealisten mit „roten Wangen", die diese Wildart umsichtig und strukturgerecht bejagen, werden in den Revieren seltener, oft nicht verstanden und sind meist nicht mehr in der Lage, die hohen Abschussvorgaben zu erfüllen. Alternative Jagdmethoden kommen nur schleichend zur Anwendung und die nötigen Ruhegebiete, die zum Teil auch die Jagd erleichtern würden, fehlen weitgehend.

Der Strukturregulierungseingriff greift

In der Obersteiermark, im Revier Schöttl, einem bekannten Rotwildkerngebiet, versucht man seit fünf Jahren, eine vorbildliche Reduktion des Rotwildes durchzuführen – erfolgreich. Der Strukturregulierungseingriff sollte den Wildstand deutlich absenken und die Struktur bei den Hirschen verbessern, um damit den Jagdwert zu erhalten. Ein Geschlechterverhältnis von 1 : 3 zugunsten der Tiere änderte sich innerhalb von fünf Jahren auf 1 : 1.

Es ist an der Zeit, Bilanz zu ziehen und die Abschusszahlen näher anzusehen, die notwendig waren, um einen Rotwildbestand um die Hälfte zu reduzieren und damit dem Rotwild mittel- bis langfristig etwas Gutes zu tun.

Grundlegendes

Das Revier Schöttl gilt als ausgesprochenes Kernrevier für Rotwild. Es stehen ideale Sommerlebensräume oberhalb der Waldgrenze mit Grasmatten sowie Latschen- und Grünerleneinständen zur Verfügung. Weite Teile des etwa **2.200 ha großen Reviers** liegen oberhalb der Waldgrenze, knapp ein Fünftel der Fläche ist von Wald bedeckt. Die Betreuung obliegt seit fünf Jahren einem motivierten Berufsjäger, der neben viel Idealismus über ein ausgesprochen ausgefeiltes Können dank jahrzehntelanger Erfahrung bei der Rotwildjagd verfügt. Zugleich ist dieser Berufsjäger für den gesamten forstlichen Betriebsablauf zuständig.

Ein ideales Rotwildrevier (Schöttl, Bezirk Murau) Foto: H. Bretis

Das Rotwild wird im Winter an einer **freien Rotwildfütterung** ausreichend versorgt. Aufgrund des großen und übersichtlichen Fütterungsstandortes, besonderer Geländegegebenheiten, einem optimalen Fütterungsmanagement und professionellem Personal ließ sich der Rotwildbestand ziemlich genau erheben (nur an wenigen Tagen im Fütterungswinter aussagekräftig möglich). Diese Zahlen lieferten die Grundlagen, die neben den Abschusszahlen das Kernelement der Analyse und somit auch der Abschussplanung in der Reduktionsphase dargestellt haben. Die aufwendigen Rechnereien und Bemühungen in der Praxis haben sich gelohnt.

Rotwildreduktion heißt Veränderung

Rotwildreduktion bedeutet grundsätzlich neben körperlicher auch geistige Arbeit. Neben dem Erstellen von Zielen ist es wichtig, Maßnahmen zu setzen, um diese Ziele auch in einer bestimmten Zeit zu erreichen. Die Umsetzung und das konsequente Verfolgen der Ziele müssen bedingungslos gewährleistet sein. Und genau hier scheitern die meisten Reduktionsversuche. Einerseits, weil die Maßnahme „mehr schießen“ beim Rotwild oft nicht zum gewünschten Erfolg führt, und andererseits, weil die Jäger oft nicht in der Lage sind, andere neue Bejagungsstrategien auf die Fläche zu bringen, um die motivierten Abschussziele (Kahlwild) zu garantieren. Zusätzlich wird die Reduktionsphase oft zu früh beendet, da man (auch durch die schlechtere Beobachtbarkeit des Rotwildes bei gestiegenem Jagddruck) der Meinung ist, der Bestand sei schon deutlich reduziert.

Deshalb sind das **Beschäftigen mit Abschusszahlen über mehrere Jahre** sowie das **Erarbeiten einer Reduktionsstrategie** (Abschusshöhe und -zusammensetzung) essenzielle Elemente, die beachtet werden müssen. Aus dem Praxisbeispiel Schöttl wird ersichtlich, wie wichtig ein Reduktionsplan ist, um einerseits nicht den Überblick zu verlieren und um andererseits zu veranschaulichen, welche deutlichen Abweichungen von der herkömmlichen Abschusspraxis angewendet werden müssen, um die Ziele zu erreichen. Die jagdliche Umsetzbarkeit und die Veränderung des Verhaltens des Rotwildes bei Steigerung des Jagddruckes während der Phase erhöhter Abschussvorgaben müssen dabei unbedingt berücksichtigt werden.

Wenige Zahlen sagen mehr als 1.000 Worte

In den vergangenen fünf Jahren wurden im Revier Schöttl auf 2.200 ha knapp 800 Stück Rotwild (= 7,3 Stück/100 ha/Jahr) erlegt. Neben der Höhe der Abschüsse kam es vielmehr darauf an, was erlegt wurde. Interessant erscheinen zunächst die Abschusszahlen der ausgewachsenen Stücke (ohne Schmalstücke und Kälber). Im Zeitraum 2010–2014 wurden 32 mehrjährige Hirsche (davon 17 der Klasse I) und 194 Alttiere erlegt. Das Verhältnis liegt bei 1 : 6, was heißt, dass **auf einen erlegten mehrjährigen Hirsch sechs Alttiere** zur Strecke kamen. Bei den Schmalstücken (Schmaltiere und -spießer) konnten in fünf Jahren 216 Stück zur Strecke gebracht werden. Auch hier verschob man das Verhältnis im Abschuss deutlich zugunsten des weiblichen Wildes. Auf 48 Schmalspießer kamen 168 Schmaltiere. Das Verhältnis lag also bei 1 : 3,5.

Interessante Tendenzen bei den Kälbern

Von 2010 bis 2014 wurden knapp 350 Kälber erlegt, wobei 189 männlich und 158 weiblich waren. Zu erwähnen ist, dass bei der Jagd größtenteils das Geschlecht nicht angesprochen wurde, da in diesem Fall nach Zufall gejagt wurde. Konnte man das Geschlecht auf kurze Distanz erkennen (über „Fesselblick" oder beim Nässen), schoss man auf das Wildkalb. Die Abschussverteilung über die Jahre sieht wie folgt aus: 10 % entfallen auf Hirsche, 46 % auf Tiere und 44 % auf Kälber. Somit kamen im Schnitt auf einen erlegten Hirsch (Schmalspießer bis Hirsch der Klasse I) neun Stück Kahlwild zur Strecke.

Von der Quantität zur Qualität

Der Zuwachs verringerte sich aufgrund der starken Eingriffe bei den Tieren um mehr als die Hälfte von 280 auf unter 130 Stück. Diese **Zuwachsminimierung durch hohe Alttierabschüsse** soll am Beginn jeder Reduktionsphase ausreichend intensiv und schlagkräftig erfolgen, da besonders das weibliche Wild auf den anhaltenden Jagddruck räumlich und zeitlich reagiert. Der Gesamtwildstand im Winter hat sich von 600 Stück auf etwa 300 halbiert. Durch die jagdliche Zurückhaltung in allen Hirschklassen wird trotz weiterer angestrebter Wildstandsabsenkung der Hirschabschuss in der Altersklasse I (vier bis fünf Erntehirsche) garantiert. Viel wichtiger für das Rotwild erscheint **nach einer solchen Reduktion** auch der **viel geringere Jagddruck**, der auf die Fläche gebracht werden muss, um den nachhaltigen Abschussumfang (Zuwachs derzeit weniger als 130 statt 280 Stück, wie es im Jahr 2010 der Fall war!) zu garantieren.

Weniger Wild, mehr Gewicht

Aus vielen Rotwildkerngebieten wird berichtet, dass die Wildbretgewichte immer geringer werden. Schmaltiere wiegen unter 30 kg und so manches Kalb erscheint noch gefleckt an der Fütterung (Nachbrunft, später Setztermin usw.). Diese Stücke waren auch in Schöttl zu

Selbst eine massive Reduktion des Wildstandes kann bei entsprechender Strukturregulierung den Jagdwert (Anteil Erntehirsche) sogar steigern.

Eine erlebnisreiche Hirschbrunft erfordert keinen Kahlwildüberhang. Fotos: H. Bretis

Zwei schwache Stücke – steigen die Wildbretgewichte der Kälber an, ist das ein Hinweis auf einen sinkenden Wildstand und umgekehrt. Foto: H. Bretis

Beginn der Reduktion keine Seltenheit. Durch die Absenkung des Wildstandes erhöhten sich die Durchschnittswildbretgewichte der Kälber deutlich. Während zu Zeiten des höchsten Wildstandes die schwersten Kälber selten über 35 kg Wildbretgewicht hatten, sind mittlerweile Stücke mit weit über 40 kg keine Ausnahme mehr. Das Wildbretgewicht der Kälber hängt selbstverständlich von vielen Faktoren ab, es kann aber ein interessantes Hilfsmittel im Zuge von Reduktionsbestrebungen sein. Steigen die Wildbretgewichte an, ist das ein Hinweis auf einen sinkenden Wildstand und umgekehrt.

Und die Hirsche röhren trotzdem noch

Die Veränderungen im Geschlechterverhältnis in Schöttl zeigen sich auch in der Brunft augenscheinlich. Vor einigen Jahren hatte ein brunftaktiver Hirsch noch an die 20 bis 30 Stück Kahlwild um sich. In der Brunft 2014 fand man diese größeren Kahlwildrudel nicht mehr. Ein ausgewachsener Hirsch hatte zwei bis sieben Stück Kahlwild um sich. Auffallend war, dass sich die Hirsche mehr bewegten. Die Brunft war um keinen Deut weniger spannend und die Hirsche röhrten auch ohne Kahlwildüberhang.

Zusammenfassung

Im Revier Schöttl betrug das Abschussverhältnis von Hirsch zu Kahlwild in den Jahren 2010–2014 1 : 9. In Kernrevieren mit Almanteil ist die Erfüllung des Kahlwildabschusses leichter zu erreichen und von diesen Jagden muss auch jede Reduktion ausgehen. Randgebiete sind gefordert, ihre Kahlwildabschüsse durch zum Teil neue, alternative Bejagungsmethoden bestmöglich zu erfüllen und nicht die Ziele von gut strukturierten Rotwildpopulationen durch vermehrte Abschüsse in der leicht zu bejagenden Klasse III der Hirsche zu untergraben. Jene Jagden, die sich bei der Kahlwildjagd bemühen und sich alternative erfolgreiche Jagdstrategien überlegen, sollen belohnt werden.

Im Revier Schöttl ist das Licht am Ende des Tunnels schon deutlich erkennbar. Die Reduktion auf einen Zielbestand von rund 230 Stück Rotwild (Fütterungsstand = Frühjahrswildbestand) sollte in ein bis drei Jahren vollständig abgeschlossen sein. Durch das Einwachsen der Junghirsche in die Mittelklasse baut sich ein nachhaltig gut strukturierter Hirschbestand auf und die jagdwirtschaftliche Nachhaltigkeit bleibt trotz einer Absenkung des Wildstandes um zwei Drittel erhalten.

Das Beispiel aus dem Revier Schöttl verdeutlicht: Rotwildreduktion ist Knochenarbeit und jeder Jäger freut sich wieder auf die Zeit, wo er nicht mehr auf jedes passende Stück schießen muss, sondern wieder richtig „Jagern“ gehen kann und darf. Bis dahin heißt es vielerorts „durchbeißen“.

HINWEIS **Gezielt regulieren**

Bei jeder Rotwildreduktion ist der Weg das Ziel. Die Rahmenbedingungen für eine solche jagdliche Herausforderung sind unterschiedlich. Ziel muss es sein, nach Abschluss eines solchen Vorhabens einen vertrauten, gut strukturierten Rotwildbestand zu erhalten. Wer ohne Plan „drauflosschießt“, wird eine Wildstandsabsenkung nachhaltig nicht erreichen.

Strenge Regelwerke vor allem in Gemeindejagden

Resümee

Aus der Praxis: Wildstandsregulierung in einer Gemeindejagd

„Ja es stimmt, aber bei uns geht das nicht ..." Diese Aussage hört man in vielen Revieren, wenn es um Veränderungen bei der Jagdausübung geht. Vor allem in Gemeindejagden sind die Interessen sehr unterschiedlich und es ist nur schwer ein Konsens zu finden. Eine einheitliche ganzjährige Jagdstrategie liegt nur selten vor, da jeder Jäger seine Suppe selbst kochen möchte. Das jagdliche Handwerk und damit auch das Wissen sind zusätzlich ungleichmäßig verteilt. Nicht selten steht der eigene jagdliche Erfolg vor der gemeinsamen positiven Entwicklung eines Reviers. Umso schwieriger wird es, wenn neue alternative Jagdstrategien zur Anwendung kommen sollen, um den Abschussrückstand aufzuholen.

Strenge Regelwerke vor allem in Gemeindejagden

Eine Gemeindejagd im Liesertal zeigt, wie es anders gehen kann. In der etwa **1.400 ha** großen Rotwildjagd gehen **21 Jäger** auf die Jagd. Neben dem Rotwildjagern engagiert sich die Jagdgesellschaft für die Auerwildhege und hat in den letzten Jahren einige Projekte zum Fortbestand dieser Wildart verwirklicht. Die Leitung obliegt einem Obmann, dessen Herz für das Wild schlägt. Mit sehr viel Umsicht, aber auch einem entsprechenden Regelwerk leitet er die Geschehnisse dieser Jagd nunmehr schon über mehrere Jahrzehnte. Die strengen Regelmechanismen sind ein Kernstück jeder Jahreshauptversammlung und werden fair und transparent exekutiert.

Solche Lebensräume erfordern eine räumlich und zeitlich koordinierte Bejagung des Wildes.

Foto: H. Bretis

Rotwildbestände stiegen

Mitten in den Nockbergen, einem idealen Rotwildkerngebiet, wurde rundum in den letzten Jahrzehnten das Rotwild wohlwollend aufgehegt. Die Erfolge ließen sich zeigen, wanderten doch die Strecken nachhaltig nach oben. In den letzten Jahren begann sich dann eine Spirale zu entwickeln, die sich immer enger zu winden begann. Die Abschusszahlen entwickelten sich zur Freude der Jäger weiter nach oben, andererseits stiegen die Wildschäden und die Fütterungskosten nahmen Dimensionen an, die kaum mehr finanzierbar waren. An der Fütterung stand fast ausschließlich Kahlwild und die Hirsche in der Ernteklasse auf der Trophäenwand wurden immer jünger und weniger. Erste Reduktionsversuche zeigten keine Wirkung. Die Abschüsse in der Jugendklasse bei den Kälbern und einjährigen Stücken waren außerordentlich hoch. In die Spießerklasse wurde stark hineingeschossen. Über fünf Jahre konnte bei steigenden Abschusszahlen (durchschnittlich 53 Stück/Jahr erlegt) kein Erntehirsch mehr erlegt werden. Vermeintliche Hirsche waren zu jung und fielen in die Klasse II. Unmut kam auf. Der Fütterungswildstand stieg weiter und Schäden um die Bauernhöfe, mit zum Teil Silolagerung, nahmen drastisch zu. Die Sensibilisierung auf Wildschäden bei den Grundbesitzern nahm in dieser Zeit auch zu und die Jäger kamen immer mehr unter Druck, etwas zu ändern. Lange, intensive und oft laute Gespräche fanden zwischen den Jägern statt.

Dies ist ein fruchtbringender Entwicklungsprozess, wenn alle Interessen mitberücksichtigt werden können und jeder das Gefühl hat, sich eingebracht zu haben. Ganz besonders hervorzuheben ist, dass sich Jung und Alt in dieser Jagd bestens verstehen. Unter den jungen Jägern sind die meisten mit sehr viel Herzblut und Engagement dabei. Diese Energien führten sie auch zu vielen Fortbildungsveranstaltungen und somit auch zu neuem Wissen. Dieses Wissen sollte bestmöglich auf das Revier umgelegt werden. Bevor dies geschah, kam es oft zu einem intensiven Diskussionsprozess zwischen den „alten" Jägern, die über einen jahrzehntelangen Erfahrungsschatz über das Jagdrevier verfügten.

Das Einrichten einer Ruhezone

Eine der ersten Maßnahmen war die Einrichtung von **drei unterschiedlichen Bejagungszonen**. Die erste Zone bildete sich rund um die Bauernhöfe im Tal bis auf etwa 1.400 m Seehöhe. In dieser land- und forstwirtschaftlich intensiv genutzten Zone sollte der Jagddruck über das ganze Jagdjahr hoch gehalten werden. Die zweite Zone zwischen 1.400 m Seehöhe und den Almflächen wird als Intervallzone geführt (Wirtschaftswald). Hier wird nicht regelmäßig gejagt. Bei geplanten Ansitzjagden versucht man, mit punktuellen Eingriffen in kurzer Zeit hohe Strecken zu erzielen. In zum Teil geplanten Ansitzjagden werden oft beachtliche Strecken erzielt. Die wichtigste Zone, die auch die meisten Diskussionen ausgelöst hatte, war die Ruhezone auf den freien Almen und in den

Waldgrenzbereichen. Vor allem alteingesessene Jäger konnten nur schwer auf die Jagd in diesen Gebieten verzichten bzw. die jagdliche Zurückhaltung nicht ganz nachvollziehen, weil die Erfolgsaussichten dort logischerweise immer am höchsten waren und die Idylle zum Jagern auf der Alm eben eine andere ist als im Wirtschaftswald – frei nach dem Motto „man muss dort jagern, wo sie sind". Bald nach dem Einrichten der Ruhezone konnte tagaktives Wild auf der freien Alm beobachtet werden. In den letzten drei Jahren erlegte man wieder sechs Hirsche der Klasse I bei einem jährlichen Abschuss von 77 Stück.

Strecke eines Rotwildrieglers in einer Gemeindejagd Foto: S. Pirker

Intelligent geplantes Drücken

Gegen Ende des Jagdjahres im November und Dezember führt die Jagdgesellschaft gezielte Drückjagden durch. Die Triebe sind genauestens geplant. Stände und Treiberlinien richten sich nach Wechseln, Fernwechseln und Einständen. Alle Schützen und Treiber werden bei jedem Termin gelost. So wird gewährleistet, dass alle Beteiligten fair behandelt werden und kein Unmut aufkommt. Bei dieser Jagdmethode wird ein wesentlicher Teil des Abschusses erfüllt. Der Jagdleiter gibt hauptsächlich Kahlwild frei, da man größtenteils der Meinung ist, dass ein genaues Ansprechen der Hirsche beim Treiben nicht möglich sei. Nach dem Treiben steht der gesellschaftliche Aspekt im Vordergrund. Bei diesen Treffen kommt es zur so wichtigen Kommunikation zwischen den Jägern. Neue Ideen und Wahrnehmungen werden diskutiert und einiges davon kann dann problemlos umgesetzt werden.

Wesentlich bei Bewegungsjagden ist das Aussuchen durchdachter Stände. Foto: A. Deutz

Vorbildliches Fütterungsmanagement

Rotwildfütterungen sind sehr fehleranfällig, wenn die konsequente Betreuung nicht gewährleistet ist. In Gemeindejagden, wo die Zuständigkeiten nicht genau geregelt sind und wo die Jäger die Jagd meistens als Hobby ausüben, kommt es oft zu unregelmäßigen Fütterungsintervallen. Das Rotwild steht vor leeren Raufen und wechselt bei Schlechtwetterlagen oftmals in tiefere Lagen in den Wirtschaftswald. Wildschäden sind die Folge.

Die Jagdgesellschaft im Liesertal füttert jeden zweiten Tag. Die freie, reine Heufütterung liegt im Almgrenzbereich und das Rotwild zieht tagsüber zum Teil auf die freiliegenden, abgewehten Flächen oberhalb der Waldgrenze. Diese Gebiete liegen in der Ruhezone, die ganzjährig nicht bejagt wird (Ausnahme Brunft). Das Rotwild bettet und sonnt sich und nimmt zusätzliche Äsung auf. Die Fütterung wird als Ergänzungsfütterung betrieben und hält das Wild auch bei Schlechtwettereinbrüchen in den Hochlagen. Auf die Heuqualität wird besonders Wert gelegt. Bevor man schlechtes Heu füttert, sollte man besser gar nicht füttern!

Fütterung, Wildstandsregulierung und vertrautes Wild schließen einander nicht aus!

Resümee

Auch in Gemeindejagden können professionelle Jagdstrategien umgesetzt werden. Dafür ist ein klares Regelwerk nötig sowie eine konsensorientierte Vorgangsweise bei jagdlichen Veränderungen. Die Oberkärntner Gemeinschaftsjagd zeigt, was möglich ist, wenn durch Zurückhaltung manch eigener Interessen das Gemeinwohl im Vordergrund steht. Das Hirschjagern ist in Summe leichter geworden und die Jäger sowie das Rotwild profitieren von den neuen Jagdstrategien. Das Rotwild wird durch die Ruhezone gelenkt und nicht durch den hohen Jagddruck unsichtbar gemacht. Die wildschadenanfälligen Schwerpunktbejagungsflächen in der Nähe der Höfe werden annähernd wildleer. In der Ruhezone gibt es eine eindrucksvolle Brunft, die für so manche Freude eines Jägers sorgt und damit das so wichtige „Zusammensitzen" gewährleistet.

Bewährte Erfahrungen erfolgreicher Jäger und neue Erkenntnisse müssen mit Einfühlungsvermögen an regionale Rahmenbedingungen angepasst werden – es sollte den Jägern gelingen, ihr Verhalten möglichst gleich kreativ anzupassen, wie es das Rotwild tut. Fotos: S. Pirker

Gründe für Auflassungen

„Fütterungstradition“ des Rotwildes

Wildstandsreduktion im Fütterungsbereich

Begleitmaßnahmen bei Fütterungsauflassungen

Auflassung von Fütterungen

Angesichts der langjährig eher bescheidenen Erfolge in der Wildschadensvermeidung werden vermehrt Gedanken zur Auflassung von Rotwildfütterungen laut. Einige wurden schon aufgelassen oder sind gerade in Auflassung. Man erhofft sich davon einen Rückgang der Wildschäden und eine wesentlich dezentralere Verteilung des Rotwildes. Bei solchen Fütterungsauflassungen müssen sehr sorgsam Risiken bedacht, Vor- und Nachteile gegenübergestellt und bei Bedarf flankierende Maßnahmen gesetzt werden, weil sonst Nachbarreviere oder andere Grundeigentümer von den Auswirkungen negativ betroffen sind.

Die **Verlegung und Auflassung von Rotwildfütterungen** stellt wegen der meist starken revierübergreifenden Zusammenhänge **eine besondere Herausforderung** dar. Vor allem dort, wo sich ein größerer Teil des Rotwildes während der Sommermonate außerhalb des Fütterungsrevieres aufhält und die Interessen und Ziele der betroffenen Revierinhaber sehr unterschiedlich sind – sei es jagdlich oder waldbaulich – und davon berührt werden. Die Umsetzbarkeit (jagdgesetzlicher Rahmen, regionale Traditionen) und die erwarteten Auswirkungen von Fütterungsauflassungen sind regional sehr unterschiedlich.

Durch das Wegfallen der meist erheblichen **Lenkungswirkung der Winterfütterung** ist jedoch zu erwarten, dass es vielerorts zu einer veränderten Rotwild-Raumnutzung kommen wird – und dadurch mit hoher Wahrscheinlichkeit oftmals zu einer Entlastung des Waldes im bisherigen engeren Einstandsgebiet der aufgelassenen Fütterung.

Beim Auflassen von Rotwild-Winterfütterungen ist deshalb sorgfältig zu bedenken, wo es durch veränderte Raumnutzung des Rotwildes zu verstärktem Rotwild-Zuzug und allenfalls zu Problemverschärfungen bezüglich Wildschäden kommen kann (falls dort die Tragfähigkeit des Lebensraumes in der Folge überschritten wird). Denn nichts wäre unprofessioneller, als nach dem „Floriani-Prinzip" lediglich eine Verlagerung bzw. Neu-Entstehung von Wildschadensproblemgebieten zu bewirken – sei dies im selben Revier, in benachbarten Revieren oder ohne jegliche Vorwarnung in anderen Jagdgebieten.

HINWEIS **Überwinterungskonzept**

Eine Entscheidung über einzelne Fütterungsstandorte und deren Auflassung hat also zweckmäßigerweise immer im Kontext eines großräumigen Überwinterungskonzeptes in Verbindung mit einem begleitenden Kommunikationskonzept getroffen zu werden.

Gründe für Auflassungen

Gründe für Fütterungsauflassungen oder -verlegungen können mannigfaltig sein. So kann ein Standort durch Änderungen im Waldbild oder Beunruhigungsfaktoren seine günstige Eignung verlieren, es können ökonomische Gründe verantwortlich sein oder auch der Ausbruch von Infektionskrankheiten kann eine Auflösung ratsam erscheinen lassen. Nicht zuletzt können es auch Meinungsdifferenzen zwischen Nachbarrevieren oder in einer Hegegemeinschaft sein (Kosten, Betreuung), die zur Aufgabe von Fütterungen führen.

Wenn Rotwildfütterungen aufgelöst werden, ist – abhängig vom Fütterungsstand, von den bisher vorgelegten Futtermitteln und der Schadanfälligkeit des Lebensraumes – mit Risiken und Unwägbarkeiten zu rechnen. Vor- und Nachteile sind abzuwägen und bei der Ablaufplanung zu berücksichtigen. Foto: A. Deutz

„Fütterungstradition“ des Rotwildes

Besonders bei Rotwild, das eine deutlich höhere „Fütterungstradition“ hat als Rehwild, muss es **vor der Auflassung** einer Fütterung mit höheren Stückzahlen zu einer **Reduktion des Bestandes** kommen. Es sollte versucht werden, nicht erlegtes Wild zu einer anderen Fütterung „umzulenken“ (Jagddruck, Kirrketten), sofern die Distanz nicht zu groß ist. Zudem sind die Maßnahmen mit der Jagdbehörde abzustimmen und die Nachbarreviere rechtzeitig zu informieren bzw. in die Planung mit einzubeziehen. Am aufgelassenen Fütterungsstandort sind alle Fütterungseinrichtungen zu entfernen, um nicht beim früher hier gefütterten Wild eine Erwartungshaltung auf eine Fortführung der Fütterung zu schüren.

Die stark ausgeprägte Fütterungstradition beim Rotwild führt dazu, dass es zum Zeitpunkt des gewohnten Fütterungsbeginns zum Fütterungsstandort zieht. Ist die Fütterung jedoch aufgelassen, wird anwechselndes, hungriges Wild, das kein Futter aufnehmen kann, durch den „Warteraumeffekt“ geradezu angeregt, zu verbeißen oder zu schälen. Deshalb ist möglichst **viel vom zuziehenden Wild zu erlegen** oder **durch den hohen Jagddruck umzulenken**. Ein ähnlicher Effekt ergibt sich im Gebirge bei extremen Schneelagen oder bei infolge der Lawinengefahr für den Fütterer nicht mehr zugänglichen Fütterungsstandorten, an die das Wild gebunden wurde. In solchen Fällen ist neben allfälligen Wildschäden mit erheblichen Ausfällen durch Verhungern zu rechnen, wenn die Stücke nicht erlegt werden können.

Im Nahbereich des alten Fütterungsstandortes sollen **großflächige Durchforstungseingriffe** getätigt werden, um Besiedlungsanreize solcher Bestände (Witterungsschutz) zu senken. Aus jagdlicher Sicht ist es ratsam, solche Flächen schwerpunktmäßig zu bejagen, um vor allem tradierende Alttiere zu erlegen, damit sie diese Tradition nicht aufrechterhalten.

Panseninhalt eines Hirsches, der massiv geschält hat (oben).

Schlecht geplante Fütterungsauflassungen können Schälschäden zur Folge haben (rechts). Fotos: A. Deutz

Wildstandsreduktion im Fütterungsbereich

Sollte zur Abschusserfüllung, zum Beispiel in der Übergangszeit bis zur Auflassung einer Fütterung, eine Bejagung in der Nähe einer Fütterung unvermeidbar sein, so sind die landesgesetzlichen Bestimmungen natürlich einzuhalten, und es sollten diese Abschüsse hauptsächlich beim Wegziehen des gesättigten Wildes am Morgen erfolgen. Hungriges Wild beim Zuzug zur Fütterung zu bejagen, verlagert die Nahrungsaufnahme auf die Waldvegetation im Bereich schützender Einstände. Zur Abschusserfüllung besonders beim Kahlwild sind frühzeitig auch **alternative Jagdmethoden** (Gemeinschaftsansitz, Ansitz-Drückjagd, Stöberjagd), beispielsweise zwischen Brunft und Fütterungsbeginn, zu erwägen. Die Bejagungspraxis muss an die geplante Fütterungsauflassung angepasst werden. Entweder müssen Kahlwildabschüsse frühzeitig getätigt werden (und nicht zwischen dem Ende der Brunft und dem Fütterungsbeginn) oder man beginnt mit der Vorlage von attraktiven Futtermitteln, die eine lenkende Wirkung haben und das Wild im Nahbereich der Fütterung konzentrieren, erst dann, wenn der größte Teil des Kahlwildabschusses getätigt ist. Beispielsweise wird ausschließlich Heu vorgelegt, bis 95 % des Abschusses erfüllt sind. Denn wenn das Kahlwild zur Erfüllung der Abschusspläne auch noch während der Fütterungsperiode bejagt werden soll, darf man es nicht durch hoch attraktive Futtermittel im Nahbereich von Fütterungen übermäßig konzentrieren.

HINWEIS **Fütterung einstellen**

Wird gar kein Futter vorgelegt, bis die Kahlwildabschüsse erfüllt sind bzw. bis der Hochwinter beginnt, obwohl das Rotwild über viele Jahre daran gewöhnt ist, können ebenfalls Wildschäden auftreten.

Eine zusätzliche wesentliche Motivation zu einer frühzeitigen und vollständigen Erfüllung von Kahlwildabschüssen könnte darin bestehen, dass grundsätzlich (und jedenfalls auch in Fütterungsrevieren) erst nach der Erlegung einer bestimmten Stückzahl an Kahlwild ein Trophäenträger freigegeben wird. Zur genauen Vorgehensweise in der Reduktionsphase wird auf die Kapitel „Rotwildreduktion braucht Wahlabschuss" und „Das Formen und Verformen von Rotwildbeständen" verwiesen.

Begleitmaßnahmen bei Fütterungsauflassungen

Folgende begleitende Maßnahmen sollten bei Fütterungsauflassungen berücksichtigt werden:

- Der Fütterungsbetreiber sollte ein Konzept zur Fütterungsauflösung erstellen (möglichst realistische Schätzung des aktuellen Fütterungsbestandes, Zeitraum für die geplante Auflassung, geplante Maßnahmen zur Wildbestandsreduktion usw.)
- Frühzeitige Information und Treffen der Revierverantwortlichen der betroffenen Region
- Übergangsfrist bis zur tatsächlichen Auflassung von zumindest zwei Jahren (für Reduktion des Fütterungsbestandes erforderlich); abhängig vom Winterlebensraum und etwaigen Nachbarfütterungen, wohin restlicher Bestand ziehen könnte
- Beginn der Futtervorlage in der Übergangszeit möglichst spät, um gute Chancen auch für Nachbarjagden möglichst lange aufrechtzuerhalten

- Koppelung des Hirschabschusses in der Reduktionsphase an einen Mindestkahlwildabschuss pro Hirsch, um zu vermeiden, dass nur bei Hirschen „reduziert“ wird
- Bei der endgültigen Auflassung von Rotwildfütterungen sind dann sämtliche Fütterungseinrichtungen (wie Raufen, Futtertische etc.), die an eine Fütterung „erinnern“, vom Fütterungsstandort zu entfernen, um nicht „Erwartungshaltungen“ zu schüren
- Durchforstungseingriffe sind so zu forcieren, dass in attraktiven Einständen der Besiedelungsanreiz sinkt
- Das Jagdmanagement ist zu professionalisieren, um den Jagddruck nicht unnötig zu steigern (z. B. Intervallbejagung, Ruhezonen)

Die Auflassung von Rotwild-Winterfütterungen wird nur in wenigen (Ausnahme-)Fällen und nur bei extrem hohen winterlichen Schneelagen zu einer spürbaren Erhöhung der Rotwild-Mortalität führen. Das kann aus bisherigen Fütterungsauflassungen im Ostalpenraum bereits geschlossen werden. Durch veränderte Rotwild-Raumnutzung mag zwar eine Entlastung der bisherigen Haupt-Fütterungseinstände einhergehen. Die große Herausforderung einer nennenswerten Reduktion der Rotwilddichte bleibt aber dennoch aufrecht.

Bei Fütterungsauflösungen sollten alle Fütterungseinrichtungen abgebaut werden. Foto: A. Deutz

Arten von Bewegungsjagden

Stöberjagd und ihre Grenzen im Alpenraum

Wildbrethygiene bei Bewegungsjagden

Bei diversen Formen der Bewegungsjagd kommt es darauf an, die Schützen so zu positionieren, dass sie das anwechselnde Wild rechtzeitig wahrnehmen können und sich das Wild nicht flüchtig am Schützen vorbeibewegt. „Lichtbrücken“ (z. B. Forstwege, Schneisen) sind deshalb meist nur gut zum Zählen des Wildes, aber weniger geeignet zum Erlegen, weil es dort im Normalfall am schnellsten kommt („Flugwild“). Zur Vermeidung von Missverständnissen durch die zum Teil uneinheitliche Begriffswahl soll hier auf die verschiedenen Arten von „Bewegungsjagden“ und deren Bezeichnungen in aller Kürze eingegangen werden (in Anlehnung an Wölfel).

„Bewegungsjagd“ ist ein Sammelbegriff für das Jagen auf Wild, das in Bewegung gebracht wird. Dieser Begriff wird für „Treibjagd“ ebenso verwendet wie für verschiedene Formen von „Beunruhigungsjagden“. Folgende Arten der **Beunruhigungsjagd** auf Schalenwild werden praktiziert:

- Gemeinschaftsansitz
- Gemeinschaftsansitz mit Anrühren des Wildes in den Einständen
- Drückjagd (sanfte und für Wildwiederkäuer geeignete Form der „Treibjagd“)
- Riegeljagd (Drückjagd-Variante im Gebirge: Zwangswechsel werden abgeriegelt)
- Stöberjagd (ausschließlich spurlaut und solo jagende Hunde mobilisieren das Wild)

Treibjagden im engeren Sinne sind Jagden mit engen Treiberketten und Jagden mit schnellen, stillen oder sichtlauten Hunden. Dazu zählen Kesseltreiben, Stand-/Vorstehtreiben und die Streifjagd. Diese werden vorwiegend auf Nicht-Schalenwildarten eingesetzt sowie in bestimmten Varianten auf Schwarzwild, sind aber auf Wildwiederkäuer abzulehnen.

Beim **Gemeinschaftsansitz** werden – wenn er als Form der Bewegungsjagd organisiert wird – möglichst viele jagdliche Einrichtungen besetzt und das Schalenwild wird durch die Schützendichte (Wild ortet den Menschen geruchlich) zum Ortswechsel veranlasst. Beim Gemeinschaftsansitz mit Anrühren des Wildes in den Dickungen gehen zusätzlich einzelne Beunruhiger verhältnismäßig still und langsam durch die Einstände des Wildes (ohne Hunde). Es gibt aber auch Formen des Gemeinschaftsansitzes, die wegen der geringeren Schützendichte nicht als Form der Bewegungsjagd einzustufen sind.

Bei der **Drückjagd** werden keine Treiberketten eingesetzt, sondern einzelne ortskundige Beunruhiger (und im Einzelfall ausgewählte, kurz jagende Hunde) bewegen sich durch die Dickungen und Einstände des Jagens, wodurch das Wild relativ langsam auszuweichen versucht (sanfte, schalenwildtaugliche Form der Treibjagd).

Die **Riegeljagd** ist eine im Hochgebirge traditionelle Variante der Drückjagd auf Rot- und Gamswild. Geländebedingte Zwangswechsel werden durch Schützen abgeriegelt.

Die **Stöberjagd** kennzeichnet sich dadurch, dass ausschließlich spurlaut und solo jagende Stöberhunde das Wild in Bewegung setzen. Diese Jagdform kommt ohne menschliche Treiber aus. Spurlaut sind Hunde mit Brackenerbe, die bereits auf den geruchlichen Reiz der Fährte mit einem „Bellen in Kopfstimme" reagieren (vor allem Dackel, Wachtel, Spaniel, speziell für Stöberjagden abgeführte und eingearbeitete Bracken sowie solo jagende Terrier). Die Hundeführer sind gleichzeitig Schützen und werden im Regelfall im Nahbereich von größeren Deckungseinständen postiert.

Stöberjagd und ihre Grenzen im Alpenraum

Stöberjagden stellen bei geeigneten Rahmenbedingungen eine **wertvolle Ergänzung zu Ansitzjagd und Pirsch** dar, besonders wenn die Erfüllung der erforderlichen Abschüsse Probleme verursacht. Im waldreichen Rotwildrevier eignen sie sich – bei professioneller Planung und Durchführung – gut zur jagddruckarmen und raschen Erfüllung des Kahlwildabschusses (z. B. zwischen Brunft und Winterbeginn), sofern sich ausreichend schussbares Wild im Jagen befindet. Dadurch kann eine Verkürzung der Jagdzeit und damit eine Beruhigung des Wildes vor Schusszeitende erreicht werden. Solche Jagden haben sich beispielsweise in waldreichen Rotwildgebieten Deutschlands bereits über viele Jahre sehr gut bewährt.

Stöberjagden stellen für das Rotwild eine besonders „naturnahe" Form der Bejagung dar, zumal sich das Rotwild über viele Jahrtausende mit dem Wolf als Hauptfeind evolutiv entwickelt hat. Der wichtigste Unterschied zur Jagd des Wolfsrudels ist, dass bei Stöberjagden das Wild keinesfalls gehetzt werden soll, sonst kann es von den Schützen nicht angesprochen und treffsicher erlegt werden.

Die Auswahl geeigneter Hunde ist für Stöberjagden wesentlich. Foto: A. Deutz

Durch den verlässlichen Spurlaut der Hunde wird die herannahende „Gefahr" für das Wild berechenbar, es kann rechtzeitig und besonnen ausweichen, kommt dadurch in der Regel langsam vor die Schützen – sofern diese fachgerecht verteilt und zweckmäßig postiert worden sind – und kann somit gut angesprochen und sauber beschossen werden. Das „Feindbild Wolf" wirkt so stark, dass durch diese Form der Bejagung das „Feindbild Mensch" in den Hintergrund tritt und sich das Wild mit ganzer Aufmerksamkeit an den „lästigen Kläffern" orientiert. Sogar dem Dackel als „Mini-Wolfsattrappe" wird vom Rotwild ausgewichen, obwohl er es weder hetzen noch ihm gefährlich werden könnte.

Zu fordern ist von den Hunden ein lockerer, flüssiger Laut, wie er für Dackel und Wachtelhunde typisch ist. Ungeeignet sind Hunde, die auf der Fährte wiederholt längere Strecken stumm sind oder wiederholt erst bei zusätzlichen optischen oder akustischen Reizen Laut geben. Denn das Risiko wäre zu hoch, dass sie dem Wild zu nahe kommen, welches dann vom Hund überrascht wird und in hohem Tempo oder sogar panikartig flüchtet (oder womöglich sogar gehetzt wird, vor allem wenn die Hunde nicht verlässlich solo jagen). Alle stumm oder nur sichtlaut jagenden Hunde sind für diese Jagdform deshalb völlig ungeeignet.

Für Stöberjagden empfehlen sich beim Rotwild **Bejagungsflächen von etwa 400–1.000 ha**, eine mittlere bis gute Erschließung. Sie verursachen hohen Organisationsaufwand, vor allem beim ersten Mal. Wie beim Gemeinschaftsansitz ist die Schützendichte hoch. Ein Überjagen der Hunde kann nur bei ausreichend großen Revieren vermieden werden und erfordert bei kleineren Revieren eine Absprache mit den Nachbarn.

Bei Rotwild sind die Fluchtwechsel nicht identisch mit den Friedwechseln (wie auch beim Rehwild). Rotwild versucht meist aus dem beunruhigten Gebiet vorübergehend großräumig auszuweichen, vor allem wenn die Jagdfläche zu klein gewählt wird. Rotwild bewegt sich bevorzugt am Rand von gut begehbaren Einständen, zum Beispiel Stangenhölzern, um ein gewisses Sicherheitsgefühl bei gleichzeitig gutem Ausblick zu haben (wie in deckungsärmeren Baum- oder Althölzern oder auf Freiflächen). Im Unterschied zum Rehwild meidet es aber „Fußangeln", wie beispielsweise behindernde Asthaufen oder Brombeergesträuch. Im Gegensatz zum Rehwild suchen Rotwildkälber bei Annäherung von Störungen Schulterschluss mit ihren Muttertieren; eine Trennung erfolgt nur bei übermäßigem Druck (z. B. durch ungeeignete Hunde).

Empfehlungen nach Wölfel (2003):

- Bejagungsfläche für Rotwild: mindestens 400–500 ha; optimal für eine Erstorganisation: 700–1.000 ha
- Durchführung auf Rotwild maximal einmal pro Flächeneinheit und Jahr
- Jagd im Waldbereich und Abstellen der Fernwechsel
- Günstiger Termin für Kahlwildregulierung: nach der Brunft und vor der Fütterungsperiode bzw. vor Wintereinbruch, also etwa zweite Oktoberhälfte bis November
- Jagdruhe auf der Jagdfläche mindestens zwei Wochen vor der Stöberjagd auf Rotwild (besser bereits drei Wochen vorher)
- Dauer der Jagd: etwa zwei bis drei Stunden; keine Menschen als Treiber im Jagen (keine „Treibjagd"; Feindbild Mensch vermeiden bringt den geringstmöglichen Jagddruck)
- Empfehlung: vier bis fünf verlässlich spurlaute Hunde pro 100 ha; dadurch kommt das Wild den Schützen langsam (Ansprechen und sicherer Schuss möglich)
- Je nach Gelände insgesamt etwa acht bis zehn Jäger pro 100 ha (inklusive Hundeführer)

- Reviereinrichtungen aus der Ansitzjagd sind im Regelfall unbrauchbar
- Sicherheitsansprüche bei Standauswahl haben oberste Priorität
- Freigabe: Kahlwild und allenfalls Spießer (je nach Zielsetzung)
- Beobachtungskarten sind verpflichtend auszufüllen (für Analyse der Jagd)
- Planung und Organisation verursachen sehr hohen Aufwand, vor allem beim ersten Mal
- Zu erwartendes Ergebnis: im Normalfall von 25 bis rund 35 % des freigegebenen Wildes, das sich im Jagen aufhält (unter 20 % sollten es nicht sein, bis zu 40/50 % sind in Ausnahmefällen erreichbar)

In Gebirgsrevieren mit alljährlichen saisonalen Rotwild-Zügen zwischen den Sommereinständen oberhalb der Waldgrenze und den Wintereinständen im Waldbereich haben Stöberjagden leider nicht den erhofften durchschlagenden Erfolg gebracht. Denn Stöberjagden müssen viele Wochen (Monate) vorher terminlich festgelegt werden, um die notwendige Anzahl an Hundeführern mit erfahrenen, guten Stöberhunden zu bekommen. Die saisonalen Rotwild-Züge sind aber terminlich nicht vorhersehbar, weil sie witterungsgesteuert stattfinden. Jede frühzeitige Termin-Festlegung kann darauf aber nicht Rücksicht nehmen und also „daneben" gehen (manchmal trotz Anwesenheit des Wildes wegen unzureichender Sichtverhältnisse, z. B. Nebel).

In Jahren mit früh einsetzendem Schneefall in den Hochlagen kann es mitunter auch in den Wintereinständen im Waldbereich bereits bald nach der Rotwildbrunft oder im Laufe des November hohe Schneelagen geben, die aufgrund der schneebedingten Mobilitätsbehinderung eine Durchführung von Stöberjagden aus Tierschutzgründen (für Wild und Hunde) nicht mehr zulassen.

In Jahren mit milder Herbstwitterung bis in den November oder gar Dezember hinein steht hingegen das Rotwild viele Wochen länger oberhalb der Waldgrenze und kann mittels Stöberjagden im Waldbereich, die zum Beispiel in der zweiten Oktoberhälfte oder im November angesetzt worden sind, gar nicht erlegt werden. Eine Stöberjagd kann aber nicht verschoben, sondern allenfalls abgesagt werden, weil die Hundeführer mit guten Stöberhunden, die verlässlich solo und spurlaut jagen, im Regelfall den ganzen Herbst über ausgebucht sind. Dieses Problem lässt sich erst dann lösen, wenn es so viele gute Stöberhunde gibt, dass sie bzw. ihre Führer für kurzfristig angesetzte Jagdtermine frei verfügbar sind.

Wildbrethygiene bei Bewegungsjagden

Bei der derzeitigen Zunahme der Bewegungs- und insbesondere Stöberjagden auf Schalenwild darf auf die sich gegenüber der Einzeljagd ergebenden erhöhten wildbrethygienischen Risiken nicht vergessen werden. Im Vergleich zu auf Einzeljagd erlegten Stücken ist die Trefferlage bei auf Bewegungsjagden erlegtem Wild meist schlechter und das Aufbrechen erfolgt später.

Klare Spielregeln erforderlich

Die Trefferlage ist bei herkömmlichen Drückjagden bei Rehwild zumeist ungünstiger als bei Rotwild, was sich nicht nur aufgrund des kleineren Ziels, sondern auch aus den „sprungartigen" Fluchtbewegungen des Rehwildes ergibt. Wegen der erforderlichen Schüsse auf bewegtes Wild besteht auch die Forderung, bei Stöberjagden nur geübte Kugelschützen

Bei Einhaltung einiger Regeln kann bei Stöberjagden hochwertiges Wildbret gewonnen werden.
Foto: A. Deutz

einzuladen und auf „Höflichkeitseinladungen" zu verzichten. Auf hoch flüchtiges Wild darf generell nicht geschossen werden.

Zur **Dauer** von Stöberjagden gibt Wölfel (2003) 2,5 bis 4 Stunden – **optimal drei Stunden** – an. Aus wildbrethygienischer Sicht ist zumindest an warmen Jagdtagen (Außentemperaturen von über +12 °C) eine Einschränkung der Jagddauer auf 1,5 Stunden anzuraten. Dies wegen des bei Stöberjagden verlängerten Zeitraumes zwischen dem Erlegen und dem Aufbrechen und zur Vermeidung eines bakteriellen Verderbens verzögert aufgebrochener Stücke wie auch zur Verhinderung einer stickigen Reifung. Ein hohes Risiko für eine stickige Reifung birgt auch direkte Sonneneinstrahlung auf noch nicht aufgebrochene Stücke.

Der „Wildbretmeister"

Da sich nach eigenen Erfahrungen der Hygienestatus des erlegten Wildes meist proportional zur Zahl des erlegten Wildes und der Anzahl der anwesenden Schützen verschlechtert, sind vom Jagdleiter schon vor der Jagd die für das Wildbret verantwortlichen Personen auszuwählen und über die geplante Vorgangsweise zu informieren. Für jede Gruppe ist ein „Wildbretverantwortlicher" auszuwählen (z. B. der Gruppenführer, Ansteller), der für die Bringung, den Transport, das fachgerechte Aufbrechen und insgesamt für die Einhaltung wildbrethygienischer Grundsätze verantwortlich ist. Die von den einzelnen Gruppen allenfalls bereits aufgebrochen angelieferten Stücke sollten von einem „Wild(bret)meister" an der Sammelstelle, wie auch alle anderen Stücke, nach dem

Aufbrechen kontrolliert werden (Organreste in der Brust-/Bauchhöhle, Drossel und Schlund entfernt, Verschmutzungen, großzügiges Ausschneiden der Ausschussseite bei Weichschüssen, stark zerschossene Stücke, Fliegeneier usw.). Beim Wildtransport ist darauf zu achten, dass Stücke (unabhängig ob aufgebrochen oder nicht) keinesfalls übereinanderliegend transportiert werden. Stark zerschossene Stücke können auch den jeweiligen Schützen zum Kauf angeboten werden.

Auf die Streckenlegung sollte bei hoher Umgebungstemperatur oder starker Fliegenbelastung verzichtet werden.

Schlüsselfrage Aufbrechen

Ob bei einer Bewegungsjagd an einem zentralen Aufbrechplatz oder dezentral von den einzelnen Gruppen aufgebrochen wird, hängt hauptsächlich von den Revierverhältnissen und den benötigten Zeiten für die Bergung der Stücke ab. Können die Stücke bis innerhalb rund einer Stunde nach Ende der Jagd an einen zentralen Platz (möglichst mit Wasserversorgung von Trinkwasserqualität) angeliefert werden, so ist ein **zentraler Aufbrechplatz** zu empfehlen.

Das **Aufbrechen** ist von **geübten Personen rasch und sorgsam** durchzuführen, wobei darauf zu achten ist, dass Verunreinigungen durch nicht zwischengereinigte Messer nach dem Aufbrechen von weichgeschossenen Stücken unterbleiben. Um die Kontamination der erlegten Stücke mit Fliegeneiern zu verhindern oder zu minimieren, ist erlegtes Wild möglichst im Schatten (wenn möglich mit Zugluft) zu lagern und ehebaldigst in eine Kühl-/Wildkammer zu verbringen. Bei hohen Umgebungstemperaturen ist auf die Streckenlegung zu verzichten und die Strecke lediglich zu verlesen.

Bei **dezentralem Aufbrechen** ist sicherzustellen, dass entweder eine kundige Person für jede Gruppe zur Verfügung steht oder dass die zu beurteilenden Organe (zuordenbar zu den Stücken!) später beurteilt werden können.

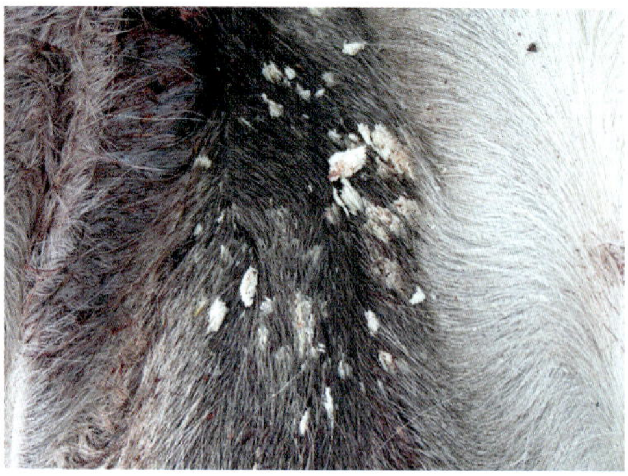

Wildplatz zum Untersuchen und Auskühlen der Strecke. Um die Kontamination der Wildkörper mit Fliegeneiern zu vermeiden, sind die Stücke im Schatten auszukühlen und ehebaldigst in eine Kühl-/Wildkammer zu verbringen (das Stück rechts ist untauglich!). Fotos: A. Deutz

Zukunftssicherung für die Jagd auf Rotwild

Die Bejagung des Schalenwildes stellt für zahlreiche Forstleute und Jäger das „Herzstück“ des Jagens dar und prägt vielerorts den Ablauf des Jagdjahres. Die Praxis der Bejagung folgt dabei oft langjährigen Traditionen und das Wild hat sich geschickt auf unsere jagdlichen Verhaltensmuster eingestellt. Die „Unvorsichtigen“ werden alljährlich erlegt, die „Intelligenteren“ überleben und geben ihr vorsichtiges Verhalten weiter.

Abwechslung in der Bejagung

Erfolgreiches Jagen braucht unter diesen Rahmenbedingungen **mehr „Überraschungseffekte“**, also entsprechende Abwechslung betreffend Jagdstrategien. Das erfordert ein hohes Maß an Beobachtungsgabe, an Gespür für das Wild und ganz besondere jagdliche Kreativität. Mit „Beibehalten von Altbewährtem“ lassen sich die zur Wildschadens- und Krankheitsvorbeugung notwendigen Abschüsse kaum mehr erzielen. In zahlreichen Revieren, auch dort, wo die Fütterungsbestände ansteigen, ist ein guter Teil des Rotwildes während der Jagdzeit „wie vom Erdboden verschluckt“. Und so mancher Jäger geht davon aus, dass es sich „in den Nachbarrevieren“ verteilt. Die Abschussvorgaben werden von den Revierverantwortlichen zunehmend als Last empfunden, die Freude am Jagen schwindet und die Jagd auf weibliches Wild und Jungwild reduziert sich auf eine „anstrengende Pflicht der Abschusserfüllung".

Rotwild (ähnlich wie auch Schwarzwild) reagiert besonders flexibel auf Umwelteinflüsse und hat die Fähigkeit, sich erstaunlich erfolgreich unserer traditionellen Bejagung zu entziehen. Es ist dazu in der Lage, erlerntes Verhalten relativ rasch zu tradieren. Und angesichts seines Sicherheitsbedürfnisses wirkt sich die Verteilung des Jagddruckes markant auf die Raumnutzungsmuster und damit auf die Beobachtbarkeit und Bejagbarkeit aus.

Muttertiere sind **nicht nur „Zuwachsträger"**, sondern vor allem **auch „Erfahrungsträger"**, die im Regelfall besonders vorsichtig sind und oftmals der Schlüssel für die gezielte Beeinflussung des Wildverhaltens. Schematisches „Jagern", zum Beispiel nach dem simplen Motto „je mehr, desto besser", kann bei unzureichender Berücksichtigung des Wildverhaltens allzu leicht in eine Sackgasse führen – diese Erfahrung musste so manches Revier bereits leidvoll machen. Das bedeutet im Hinblick auf die Regulierbarkeit des Rotwildes, dass die biologischen Überlegungen bezüglich Zuwachsraten und Abschussquoten zu ergänzen sind durch jagdliche Überlegungen betreffend Scheuheit des Wildes, Erfüllbarkeit der Abschussvorgaben und schließlich bezüglich Bewältigbarkeit der Herausforderungen im Rahmen der Freizeitjagd.

Vom zahlenden Freizeitjäger kann nicht erwartet werden, dass er immer und überall in

Angepasste Rotwildbestände schaffen Lebensqualität für das Wild, ermöglichen ein entspannteres Jagen und sichern die Akzeptanz für das Rotwild in unserer Kulturlandschaft.
Foto: C. Dullnig

der Lage und auch bereit ist, Wildschadensprobleme zu lösen und die dafür oft nötige Wildstandsreduktion durchzuführen. Und auch wenn er dies will, können seine dafür verfügbare Freizeit und seine jagdhandwerkliche Qualifikation unter schwierigen Bedingungen an ihre Grenzen stoßen (z. B. in besonders schadanfälligen Wäldern). Die außergewöhnlich herausfordernde Aufgabe einer effizienten Regulierung des lernfähigen Rotwildes kann unter schwierigen Rahmenbedingungen vom zahlenden Freizeitjäger künftig wahrscheinlich am ehesten in gut organisierter Abstimmung und/oder Zusammenarbeit mit bezahlten „Jagdprofis“ erfüllt werden – also in Kombination zwischen „erfreulicher Erlebnisjagd“ und „anstrengender Regulierungsjagd“.

Nachhaltige Jagd wird in unserer intensiv genutzten Kulturlandschaft künftig nur dann möglich sein, wenn sie **als Teil eines umfassenden Wildtiermanagements** verstanden wird und eine Abstimmung mit den Lebensraumgestaltern erfolgt. Die erforderliche Toleranz dem Rotwild gegenüber wird nur erhalten bleiben, wenn die Wildschäden auf überwiegender Fläche auf ein tragbares Maß beschränkt werden können. Die engste Abstimmung braucht es dabei zweifellos mit den Grundeigentümern (als Inhabern des Jagdrechts), den Land- und Forstwirten, dem Management von Freizeitaktivitäten und dem Naturschutz.

Nur auf diesem Weg kann auch die notwendige Lebensraumerhaltung gelingen. Wenn der menschliche Nutzungsanspruch an den Lebensraum des Wildes weiter intensiviert wird und immer weniger Spielraum lässt für eine gewisse Toleranz gegenüber den „Konkurrenten“, zu denen die großen Beutegreifer (z. B. Bär, Luchs, Wolf, Adler) und die heimischen Schalenwildarten jedenfalls zu zählen sind, wird die „Schadensvermeidung“ allzu rasch zur freudlosen „Schädlingsbekämpfung“. Je fachgerechter wir Jäger zur Wildschadensvorbeugung und -reduktion beitragen, desto geringer wird die Belastung werden – und umso mehr Freude darf uns die Jagd machen. Den größten Vorteil aus Lebensraum-angepassten Rotwildbeständen zieht aber das Wild selbst: Es ist schon ein komfortables Leben, wenn ausreichend Äsung verfügbar ist und die Tiere einander nicht Konkurrenz um gute Einstände machen!

Literaturnachweis

Das umfangreiche Verzeichnis der verwendeten und weiterführenden Literatur können Sie gratis als PDF-Datei downloaden:

https://cloud.mymailwall.com/m/url?l = 0ITPZ4qKaaaaaa&u = https%3A%2F%2Fwildtier%2Eat%2Fwp-content%2Fuploads%2F2024%2F08%2FSTV-Rotwildregulierung-aber-wie-Literaturverzeichnis_02%2Epdf

Die Autoren

Univ.-Doz. Dr. Armin Deutz, geboren 1962, arbeitete als Amtstierarzt in Murau, ist Wildbiologe, allgemein beeideter und gerichtlich zertifizierter Sachverständiger für Veterinärmedizin und Jagd, Jäger, Hegemeister sowie Verfasser von bisher 14 Büchern und zahlreichen Publikationen zu den Themen Wildtier, Wild- und Nutztierkrankheiten, Zoonosen, Wildtierfütterung und Wildbrethygiene; weitere Funktionen: Vorstandsmitglied der Steirischen Landesjägerschaft, Fachtierarzt für Wild- und Zootiere.

DI Harald Bretis, MSc, geboren 1987, ist studierter Forstwirt und Wildökologe. Seine zwei praxisnahen Diplomarbeiten „Strategieentwicklung in der Rotwildreduktion" (2013) und „Strategische jagdliche und forstliche Vorgangsweise bei Rotwildfütterungsauflösungen" (2014) geben unter anderem Antworten auf aktuelle Fragestellungen der zukünftigen Rotwildbewirtschaftung. Bretis ist selbst Grundbesitzer sowie leidenschaftlicher Jäger und Jagdaufseher. Er unterrichtet in der Landwirtschaftlichen Fachschule Althofen Waldwirtschaft und ist weiters Forstassistent einer Forstverwaltung in der Steiermark.

Dipl.-Ing. Dr. Friedrich Völk, geboren 1957, war von 2001 bis 2021 bei den Österreichischen Bundesforsten für Jagd, Wildtiermanagement und Wildschadensvermeidung zuständig. Bereits in seiner Dissertation hat er sich eingehend mit dem Rotwild-Management in Österreich von 1945 bis 1995 befasst. Im Rahmen seiner jeweils siebenjährigen Tätigkeit am Forschungsinstitut für Wildtierkunde und Ökologie der Veterinärmedizinischen Universität Wien und am Institut für Wildbiologie und Jagdwirtschaft der Universität für Bodenkultur Wien gehörten u. a. die Wildökologische Raumplanung und die Lebensraumvernetzung zu den Kernbereichen seiner Aufgaben. Seit mehr als 20 Jahren prägt er gemeinsam mit Doz. Dr. Karl Buchgraber und dem Programmteam die Österreichische Jägertagung in Aigen im Ennstal und ist Autor von mittlerweile mehr als 180 wildökologischen und jagdbetrieblichen Veröffentlichungen und Studien.